物理学30講シリーズ 10 戸田盛和 著

宇宙と素粒子30講

朝倉書店

はしがき

本書ではアインシュタインの宇宙論とディラックの電子論を解説するのが主な目的である．一般相対性理論にもとづいた現在の宇宙論はアインシュタインにはじまった．また相対論的な素粒子論はディラックにはじまったということができる．したがってこれら 2 つのテーマは現代物理学における最大の柱である．その意味で本書のいささかオーバーな題名『宇宙と素粒子 30 講』を理解していただきたい．

現在の宇宙論や素粒子論が本書のレベルを越えて，はるかに前進しているのは当然であるが，一般相対論と素粒子論の融合はいまでも果たされていない．この目的をめざす上でもこれらの理論の基礎になっている考え方は，これからもたえず再考の土台として重要さを保つであろう．専攻分野の異なる一学徒にとっても，物理学の基礎的な考え方は最も深い関心事の 1 つであり続けてきた．少しでも多くの読者にも同じような興味をもっていただきたいと思って本書を書き上げたわけである．もとより浅学非才のため記述や考えの到らないところがあるかもしれない．できれば読者の方々と共に改めていきたいと思う．

このシリーズの趣旨として，できるだけ他書を参考にしないで読めるようにと心掛けたが，前半の相対性理論に関係した宇宙論においては本シリーズ第 7 巻『相対性理論 30 講』を，また後半の電子論においては第 8 巻『量子力学 30 講』をいくらか予備的なものとして参考にしていただく必要があるかもしれない．

第 1 講は宇宙論への導入部分である．第 2 講と第 3 講は曲がった空間という概念をいくらかでもわかりやすくするために半ば直観的な記述を加えた．第 4 講と第 5 講は曲がった時空を表す数学的道具としてのテンソルとリーマン幾何学，そして第 6 講でアインシュタインの重力場の方程式に到達する．

ここまでに曲がった空間などで寄り道をしたが，第 7 講では気分を改めて宇宙論に入り，これが第 13 講まで続く．

第14講からは，ディラックによって創られ，ほとんどディラックひとりで完成された電子論に入り，これが第26講まで続く．これが相対論的量子力学の本筋である．ディラックは特殊相対性理論（ローレンツ変換）と量子力学という2つの要請を融合させる道を求めてこの理論を創り，スピノール解析を用いてこの要請を満足させたのであった．この理論が電子スピンの角運動量と磁気モーメントを導き出し，また空孔理論によって反粒子（陽電子）を予言できたのは驚くべき奇蹟であった．美しさを求める理論は，不思議にも自然に近づくことができることを示す出来事であった．

しかし実験の進歩により，電子の磁気モーメントの微小な異常が発見され，これは電子と光子場の相互作用のためであることがくり込み理論によって示された．また陽子や中性子がもつ異常な磁気モーメントはこれらの粒子がクォークからなる構造をもつためと考えられている．

本書の第27講以下ではくり込み理論，超多時間理論，および中間子理論のはじまりの頃の理論について説明した．この部分の論文などについては江沢洋氏に教えられたことも多い．

本書の校正にあたって，東京大学大学院生の礒島伸君にお世話になった．また本書だけでなく，このシリーズ全般にわたって遅筆の著者のよき相談相手であった朝倉書店の方々に厚くお礼を申し上げたい．

2002年5月

著　者

目　　次

第1講

空間と時間

テーマ
- ◆ ニュートン力学
- ◆ 特殊相対性理論
- ◆ 一般相対性理論
- ◆ Tea Time：上と下の区別

ニュートン力学

はじめにニュートン力学から相対性理論までを概観しよう．

ガリレイ（Galileo Galilei，1564-1642）とニュートン（I. Newton，1643-1727）の力学（ニュートン力学）においては，運動がおこなわれる空間・時間は絶対的存在で，物質の存在・運動によらないものと考えられている．簡単のため x 方向の運動だけを考え，物体の質量を m，時刻 t における物体の位置を $x=x(t)$，物体にはたらく力を f とすると，ニュートンの運動方程式は

$$m\frac{d^2x}{dt^2}=f \qquad (1)$$

と書ける（実はこれが成り立つような座標系 (x, t) によって運動を記述し，この座標系を慣性系というのである）．慣性系 (x, t) に対して x 方向に一定の速さ v で移動する別の慣性系の座標を x'，時間を t' とすると

$$x'=x-vt, \qquad t'=t \qquad (2)$$

が成り立つと考え，これをガリレイ変換という．この変換によって物体の速度 u

$=dx/dt$ から $u'=dx'/dt'=dx'/dt=u-v$ に変わる．すなわち

$$u'=u-v \tag{3}$$

に変わる．これは速度のガリレイ変換である．またこの変換では慣性系 (x, t) と (x', t') の相対速度 v は一定なので，加速度は2つの慣性系で同じである $(\alpha=du/dt=du'/dt=\alpha')$．力 f も2つの慣性系で同じ $(f=f')$ であり，物質固有の質量 m も共通と考えられる．これらのいわば常識的な事柄を認めると，第2の慣性系についても（1）と同じ運動方程式

$$m\frac{d^2x'}{dt^2}=f \tag{4}$$

が成り立つことになる．

以上のことをまとめて，ニュートン力学では，慣性系間を結ぶガリレイ変換に対し運動の基本法則は変わらない，という．これをガリレイの相対性原理とよぶことがある．

光 の 速 度

ガリレイ変換は日常的な現象においてはいつもよく成り立っているように思われる．しかし19世紀末になって光の速さの測定が速度のガリレイ変換と矛盾することが発見された．光の速度は $c=30$ 万 km/秒である．これに比べ地球が太陽のまわりを回る公転速度は $v=30$ km/秒の程度である．光の速度測定に対してガリレイ変換が成り立つと仮定すると，地球に乗った観測者が正面から向かってくる光の速度を測ると $c+v$ となり，光を追いかけて測定すると $c-v$ となるはずである．$c \gg v$ であるが光学的測定では $c+v$ と $c-v$ のちがいは十分に検出できる程度である．しかしくわしい測定によれば，光の速度は光の進行方向と観測者の運動方向に関係なく，常に一定の値 c であることが明らかにされたのである（マイケルソン-モーレー（Michelson-Morley）の実験，1887年）．これはガリレイ変換の式（3）が正しくないことを示している．

特殊相対性理論

アインシュタイン（A. Einstein，1879-1955）は，光は何もない空間を伝わって

くるのであるから，その速度が一定なのは当然（光速度不変の原理）であると考えた．彼はガリレイ変換に代わる変換を思索し，ローレンツ変換にたどりついた．これは光速度を不変にするような変換である．

ある慣性系 S に対して，ほかの慣性系 S' が x 方向に速度 v をもっているとする．S 系における物体の空間座標を x, y, z とし，時間を t とし，S' 系の空間座標を x', y', z' とし，時間を t' とする（簡単のため $t=0$ のとき物体は $x=x'=0$ にあり，そのとき S' 系の時間は $t'=0$ とする）．このとき変換 $S \to S'$ は

$$x'=\frac{x-vt}{\sqrt{1-v^2/c^2}}, \qquad y'=y$$
$$z'=z, \qquad t'=\frac{t-(v/c^2)x}{\sqrt{1-v^2/c^2}} \tag{5}$$

で与えられる．これがローレンツ変換である．

こうして，アインシュタインは空間・時間が観測者の運動によらない絶対的なものであると考えたニュートン力学の立場が誤りであることを明らかにした．空間・時間は観測者の運動によって異なって見えるのである．ただし光の速度だけは一定の値 c になる（これは一般相対性理論では修正される．一般相対性理論では時間の進み方や光の速度は重力によって変化させられる）．

ローレンツ変換を x と ct から x' と ct' への変換として表すと図 1 のようになる．図で 45° の傾きの線 $x=ct$, $x'=ct'$ は光の進路を表す．変換 $S(x, ct) \to S'(x', ct')$ はこの図で斜交軸変換になっていて，各軸上の尺度は (x, ct) と (x', ct') とで異なっている．

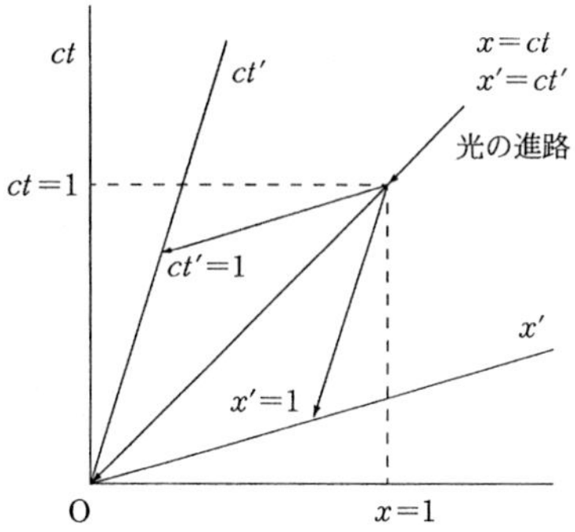

図 1　ローレンツ変換
$(x, ct) \longrightarrow (x', ct')$

アインシュタインはローレンツ変換が成り立つ世界における力学を構築し，また電磁気学が本来ガリレイ変換でなく，ローレンツ変換の時空で記述されるものであることを示した（1905 年）．これを特殊相対性理論という．基礎的な運動法則はローレンツ変換に対して

不変でなければならない．これは特殊相対性原理とよばれている．

ローレンツ変換は単なる幾何学的な変換ではない．これは物体の運動の問題であり，根本的に物体に関するものであるからである．特殊相対性理論から，物体の質量が速度と共に増加することや，物質の質量がエネルギーであり，エネルギーが質量をもつことなどが出てくるという不思議さはこれに由来するのである．

古典力学のガリレイ変換では，時間は変換されず空間だけが変換されるが，これに対し相対性理論のローレンツ変換では時間と空間がいっしょに変換される．

また古典力学では物体の運動は 3 次元空間中の位置の時間変化としてとらえるのがふつうであるが，相対性理論では物体の運動は 4 次元時空 (x, y, z, ct) の中の曲線（あるいは直線）として表され，これは世界線とよばれる．

一般相対性理論

特殊相対性理論は慣性系とこれに対し等速度で運動する別の慣性系の間の関係を扱い，運動法則を不変にする時空の変換はローレンツ変換であることを述べている．これはたがいに等速度で動く座標系間の変換に限定されている．

しかし，時空を表す座標系はもともとわれわれが勝手に選ぶものであって，運動の基本法則自身は座標系の選び方と無関係に存在するものである．したがって一般的な相対性理論，すなわち一般相対性理論では，運動の基本法則を座標系の選び方に無関係な形式で表現することをめざす．この場合，座標系は一般に慣性系でなく，加速度系でも曲線座標系でもよいのである．

アインシュタインが特殊相対性理論を発表した 2 年後の 1907 年に，彼はすでに上のような考察から一般相対性理論の構築を思い立っている．

椅子から落ちた人は，その瞬間にからだが宙に浮くのを感じるだろう．からだの重さがなくなり，いいかえれば重力がなくなったように感じる．外が見えないエレベーターに閉じ込められた人を想像すると，エレベーターが急に加速度をもって上方へ動くとき，その人はエレベーターの床に押しつけるような重力がはたらいたと感じるだろう．また逆にエレベーターが下方へ加速度をもって動き出すと，からだが軽くなって重力が減ったように思うだろう．

このようなことは誰でも気付くことである．また重力を受けている物体に対するニュートンの運動方程式から自由に落下する座標系に移れば，この新しい座標系では物体にはたらく重力がなくなってしまう（これは人工衛星や弾道飛行をする航空機の中で飛行士が体験する無重力状態である）．このことを，適当な加速度系に移れば重力を消すことができると表現することができる．

地球表面のように一様な重力がはたらいている場所では，このように座標系を加速することによって重力が消された座標系，すなわち慣性系にすることができる．この意味で重力と加速度は同等である．このことを等価原理という．

しかし，自然界における重力は地球や太陽などのあらゆる物体によるもの（万有引力）であって，一様な重力ではない．そのため実際的には，一様な加速度による座標変換では，空間的にせまい領域で重力を消し去ることができるだけである．このようにして局所的に重力場が消去され慣性の法則が成立している座標系を局所慣性系という．重力が存在する空間でも局所的には慣性系として扱える座標系がある．そしてこれに対して等速度で運動する座標系も局所慣性系であって，これらの間には局所的にローレンツ変換が成り立つわけである．

等価原理は何でもないことのようだが，アインシュタインはこれが含む内容の重大さに気付き，これを一般相対性理論への出発点とした．

重力による光の湾曲

等価原理からただちに導かれる重要な帰結の１つは，重力によって光が曲がるということである．これを説明しよう．

図２のようにエレベーターが加速度をもって上昇しはじめるとし，その瞬間に一方の壁から水平に光のパルスが発せられるとする．この場合，エレベーターの中の人は下方に押しつけられるような力を感じると同時に，エレベーターに対して光が下方へ曲がって進

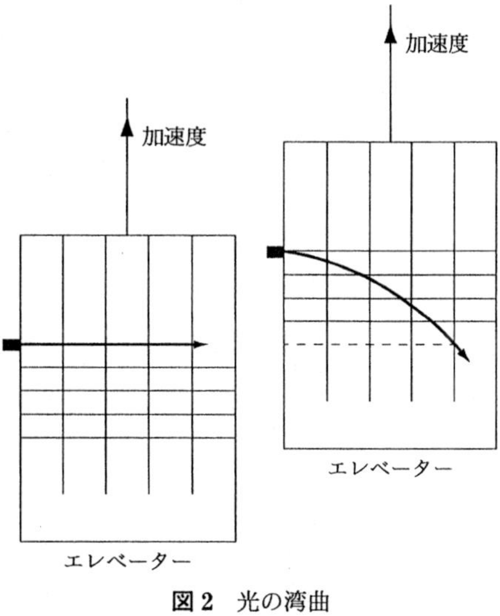

図２　光の湾曲

むのを見るだろう．この現象を等価原理によって解釈すれば，エレベーターの加速によって生じる重力のために光が下方へ引かれて曲がる，ということになる．

次のようにも考えられる．光はエネルギーであるが，特殊相対性理論によればエネルギーは質量をもち，質量のあるものは重力に引かれて運動経路が曲げられる．したがって3段論法により，光は重力によって曲がる．

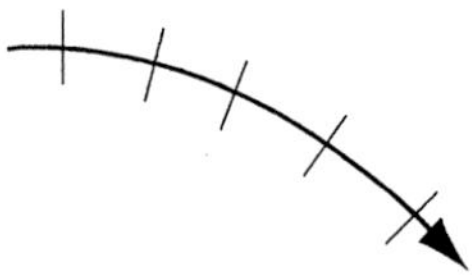

図3　光の湾曲と波面

アインシュタインはさらに次のようにも考えた．光は波であるから，光が曲がるのは図3のように波面が次第に傾くことである．そして波面が曲がるのは，重力のある場所では下方ほど光の速度が遅くなる（光に対する屈折率が大きくなっている）ためと考えられる．光を伝えるエーテルという媒質があるならば，やわらかいコンニャクが重さのために下方ほど圧せられて屈折率が大きくなるときの現象を想像すればよい．

アインシュタインはこのように重力が存在する空間はある種のゆがみ（変形）を伴うと考えたが，これに一般的な数学的表現を与えるのに何年も苦労しなければならなかった．彼がめざしたのは静的な重力場ではなくて，任意の運動をしている観測者(座標系)における重力場の間の変換，いわば動的な重力場である．1912年になって彼はこれが数学者ガウス（C. F. Gauss）が50年以上前に展開していた曲面論と関係があることに気付いた．曲面論では同じ曲面を任意の座標系で表した表現の間の関係を一般的に論じている．アインシュタインのめざす一般相対性理論においても同じ重力場を任意の座標系で表した表現の間の関係を論じなければならない．

ガウスの曲面論では曲面の曲率の表現が対象で，微分幾何学が大きく役立つが，これはさらにガウスの弟子リーマン(G. F. B. Riemann)によって3次元から多次元へと拡張され，さらにリッチ(C. G. Ricci)などによって一般的なテンソル解析へと拡張された．これをリーマン幾何学という．一言でいえば，これは多次元空間の距離を不変に保つ変換の幾何学である．この空間を表すために座標系を用いるが，一般相対性理論では空間と時間を合わせて4次元（x_0, x_1, x_2, x_3）の時空が対象である．各点における重力場の様子，物体の速度などの物理量は4次元座標の関数（一般にテンソル）として表される（テンソル（スカラー，ベクトルを含む)は座標系を変えたときの変換規則の式で定義されている量である). テンソルで書かれた物理法則の不変性はテンソルの変換性によって保証される. これを一般座標変換に対する共変性という.

アインシュタインはこうしてリーマン幾何学を用いて重力場の方程式を見出すことに成功した. 1915 年の年末のことであった. このとき, アインシュタインは水星の近日点の移動を一般相対性理論によって説明し, 太陽の近くを通る星の光の経路が太陽の重力によって曲げられることを予言し, また強い重力の下にある原子の出す光の波長は長い方へずれることを予言することができた.

しかし全体としてこの当時は測定技術が未熟なため一般相対性理論を検証する実験は不可能であった. そのためしばらくこの理論が物理学者の興味を引かなくなった時期があった. しかし観測・測定技術の進歩と宇宙論の展開を経て, 現在では一般相対性理論は人類の到達した最も すぐれた理論の 1 つと認められている.

Tea Time

上と下の区別

地球の重力のもとで生活している生物にとって, 上方と下方の区別はほとんど絶対的である. 住居の構築, 衣服のデザイン, 飲食, 歩行などのすべてにおいて, 重力の支配が見られる. 宇宙船の中の重力のないところで数週間も暮らせば骨がいちじるしく弱くなったりする. 重力はからだの中まで支配しているのである.

古代ギリシャの時代でも, 地球がまるいと考えていた人が少しはいたが, ルネサンスの頃までは, ほとんどすべての人が地面は全体として平らであると思っていた.

「コペルニクス的転回」という言葉がある. 地球のまわりを太陽などが回っているという古代の考えを破棄し, 地球などが太陽のまわりを回っているのだと考えるようになった大革新のことをいうのだが, 実際には一夜にしてこの転回がなされたわけではない. コペルニクス (N. Copernicus), ケプラー (J. Kepler), ガリレイ, ニュートンと何代も経てようやく地動説は定着したのであった. コペルニクスやガリレイは地動説に対する反対意見にまともに答えることができなかったのである．

コロンブスたちが半信半疑で大西洋を西へ進んで 1492 年にアメリカを発見してから大航海時代がはじまった．マゼランの船がはじめて世界を一周したのは 1519～1522 年であった．種子島にポルトガル船が漂着したのは 1543 年であった．この頃には地球がまるいということも多くの人によって認識されていたであろう．さらに，ガリレイが望遠鏡を使って月の表面や木星の月などを見せて天体も地球に似たものであることを知らせたのは 1609 年であった．それでも地球の反対側の人たちが逆立ちしているのを納得するのはむずかしかったであろう．「地球の上に朝がくる．反対側は夜だろう」という歌におどろかなくなったのはつい最近のことである．

第 2 講

曲面と超曲面

— テーマ —

- 曲　率
- 球　面
- 立体射影
- Tea Time：プラトンのイデア

2次元の曲面

ゆで玉子の表面のようになめらかな曲面を考える．曲面上の1点における曲面の曲がり方は，その点で曲面に垂直に立つ平面が曲面と切り合う曲線 C によって与えられる（図4a）．平面を曲面に垂直に立てたままでその向きをまわしていくと曲線 C の曲がり方が最大になる向きと最小になる向きとがあって，これらの2つの向きはたがいに垂直であることが証明される（図4b）．この2方向に対する曲線 C_1 と C_2 の曲率半径を a_1 および a_2 とするとき

$$\boxed{K=\frac{1}{a_1a_2}} \qquad (1)$$

をガウス曲率（全曲率）という（曲率半径の逆数を曲率という）．曲線 C_1 と C_2 の曲率半径の中心が曲面の同じ側にあるときはガウス曲率は正（$K>0$）であり，曲面の反対側にあるときはガウス曲率は負（$K<0$）であると約束する．たとえば鞍形の曲面のガウス曲率は負である（図5）．

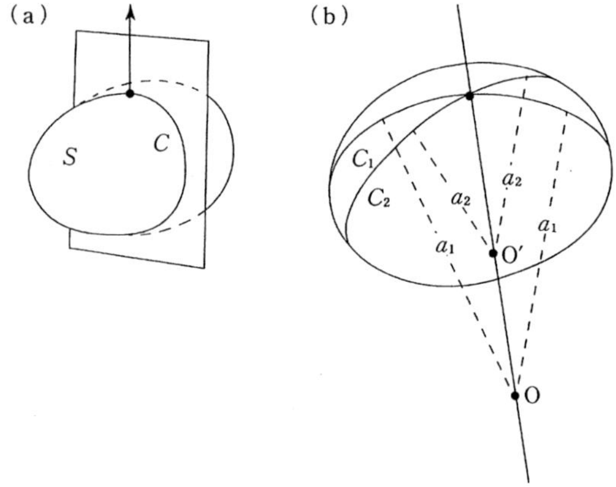

図4　曲　面

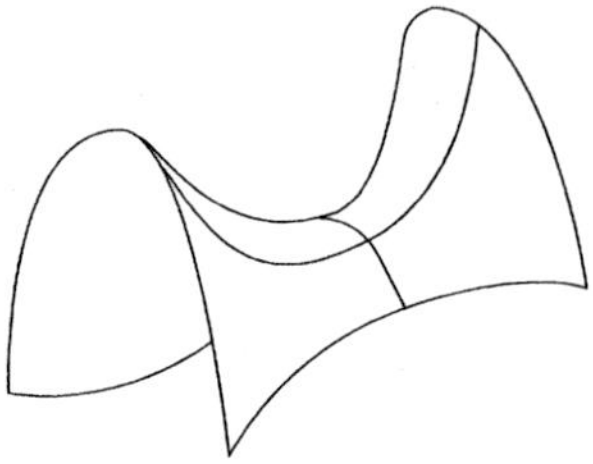

図5　鞍形の曲面

特に球面ではその半径を a とするとき，ガウス曲率は球面上のどの点においても

$$K=\frac{1}{a^2} \tag{2}$$

である．

2次元曲面の幾何学（微分幾何学）はガウスによって完成された．

曲率は次のように考えることもできる．

（1）　曲面上の1点を囲んだ微小面積 dS に単位長さの法線矢印をたくさん立てる．矢印の方向を変えながら起点を1点にして束ねる．このとき矢印の先端でつくられる面の面積（立体角）を $d\sigma$ としたとき，ガウス曲率は

$$K=\frac{d\sigma}{dS} \tag{3}$$

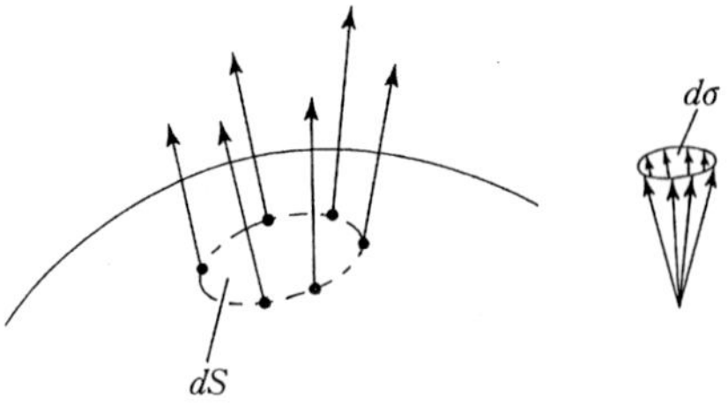

図6　ガウス曲率

である(半径 a の球面では立体角 $d\sigma$ に対して $dS=a^2 d\sigma$ であるから，$K=1/a^2$)．

（2）　曲面上の1点Oから曲面に沿って一定の微小距離 r の点をつらねた円を描いたとき，その円周が l である

とすると（図 7）

$l<2\pi r$　ならば　$K>0$　（たとえば球面）

$l>2\pi r$　ならば　$K<0$　（たとえば鞍形面）　（4）

$l=2\pi r$　ならば　$K=0$　（その点で平ら）

である．

（3）　たとえば図 8 の球面において曲線 PR は球面の赤道の 1/4，RQ は赤道から北極へ行く子午線，PQ は別の子午線である．赤道上の点 P で赤道に平行なベクトルを赤道 PR に沿って平行に移動させ，さらに子午線 RQ に沿って北極 Q まで平行移動させる（移動は曲面上で 2 点を最短距離で結ぶ線（測地線）に沿っておこない，ベクトルと測地線の間の角を一定に保つのが平行移動であると定義される）．この平行移動 P → R → Q によってベクトルは A のような向きになる．次に P でやはり赤道に平行なベクトルを子午線 PQ に沿って Q へ平行移動させるとベクトルは B のような向きになる．このように途中の道筋によって異なった結果になる．

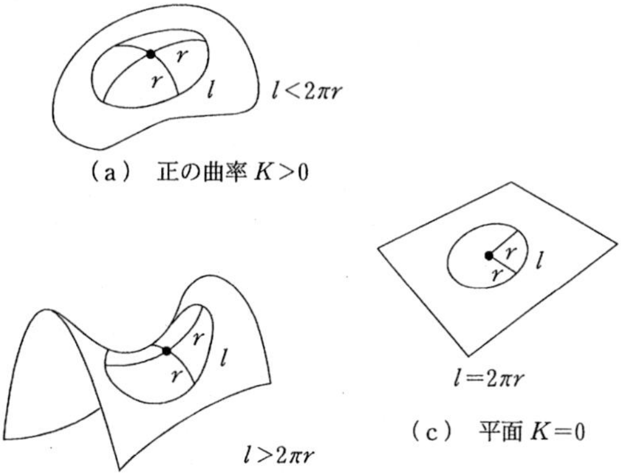

（a）　正の曲率 $K>0$

（b）　負の曲率 $K<0$

（c）　平面 $K=0$

図 7　曲面の分類

この考え方は 4 次元空間の中の 3 次元曲面といった直観的な図に描けない抽象的な超曲面の曲率を数学的に定義するのに用いられる．リーマンなどが発展させたいわゆるリーマン幾何学で考えるリッチ（C. G. Ricci）のスカラー曲率は 2 次元曲面のガウス曲率を拡張したものになっ

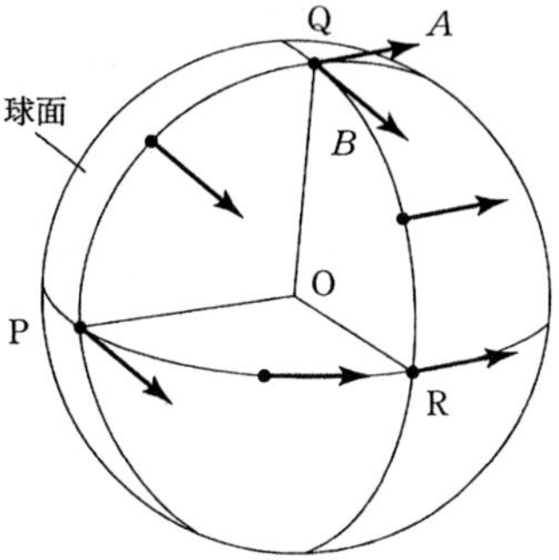

図 8　ベクトルの測地線に沿う平行移動（P → R → Q と P → Q）

ている．これについては次の節で述べるが，より高い次元の曲面を解析的に扱う方法を述べる前に，その準備としてふつうの球面を調べておこう．

球　　面

宇宙の数理的で一般相対論的なモデルについては後に第6講で考察するが，宇宙が一様で等方的であり，端のないものであるという要請から，宇宙を4次元空間の中の3次元的な球面 (3次元空間) が時間的に膨張過程にあるという美しいモデルが想定される．

ふつうの球面は3次元空間の中の2次元的な球面である．4次元空間の中の3次元的な空間というのは図に描けないし，直観的な想像も及ばない．そこで数学の助けを借りることにするが，そうすると2次元も3次元も特にちがいがなく，ただ3次元では2次元よりも数式が長くなり，見通しがつけにくくなる．そこでまず，ふつうの球面 (2次元) について話をはじめることにしよう．

直交座標系 (x, y, z) を使うと半径 a の球面は

$$x^2+y^2+z^2=a^2 \tag{5}$$

で与えられる．この球面の上に接近した2点 (x, y, z) と $(x+dx, y+dy, z+dz)$ をとると，2点の間の距離 dl (線素) の2乗は

$$(dl)^2=(dx)^2+(dy)^2+(dz)^2 \tag{6}$$

で与えられる (ただしここで条件 (5) がある)．

【極座標】　球面の方程式 (5) を極座標 (a, θ, φ)

$$x=a\sin\theta\cos\varphi, \qquad y=a\sin\theta\sin\varphi, \qquad z=a\cos\theta \tag{7}$$

を用いて書き直そう．球面 a=一定の上で (7) を微分すると

$$\begin{aligned} dx&=a\cos\theta\cos\varphi\cdot d\theta-a\sin\theta\sin\varphi\cdot d\varphi \\ dy&=a\cos\theta\sin\varphi\cdot d\theta+a\sin\theta\cos\varphi\cdot d\varphi \\ dz&=-a\sin\theta\cdot d\theta \end{aligned} \tag{8}$$

これらを2乗して加えれば，球面上の短い距離 dl の2乗の式として

$$\begin{aligned} (dl)^2&=(dx)^2+(dy)^2+(dz)^2 \\ &=a^2\{(d\theta)^2+\sin^2\theta(d\varphi)^2\} \end{aligned} \tag{9}$$

を得る．

【立体射影変換】 ここで(7)と同じ$(a,\ \theta,\ \varphi)$を用い

$$\xi=\rho\cos\varphi,\qquad \eta=\rho\sin\varphi,\qquad \rho=2a\cot\frac{\theta}{2} \tag{10}$$

という座標変換$(a,\ \theta,\ \varphi)\to(\rho,\ \xi,\ \eta)$をしてみよう．これは図9のように球面上の点P$(x,\ y,\ z)$を，球面の下の端S(南極)で球面に接する平面へ(北極Nからの直線で)射影する変換(P → Q)である(立体射影とよばれる)．この場合x, y軸はξ, η軸に平行であるとしている．

なおここで

$$\rho^2=\xi^2+\eta^2 \tag{11}$$

である．

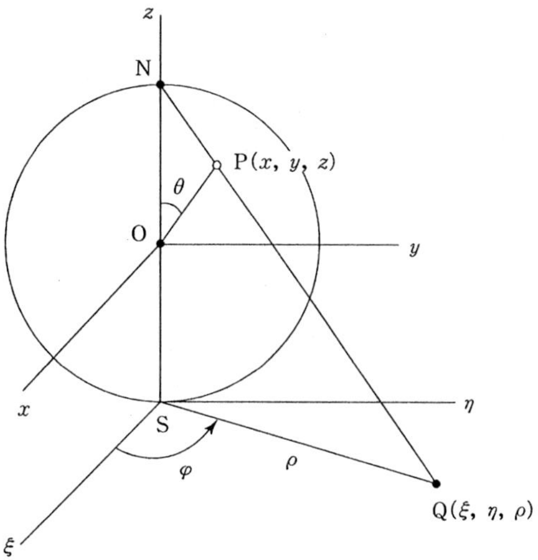

図9 立体射影(P → Q)

(10)を微分すると

$$\begin{aligned} d\xi&=\cos\varphi\cdot d\rho-\rho\sin\varphi\cdot d\varphi \\ d\eta&=\sin\varphi\cdot d\rho+\rho\cos\varphi\cdot d\varphi \end{aligned} \tag{12}$$

これから射影面上の接近した2点QQ′の距離をdl'とするとき

$$(dl')^2=(d\xi)^2+(d\eta)^2=(d\rho)^2+\rho^2(d\varphi)^2 \tag{13}$$

となるが，(10)から

$$d\rho=\frac{ad\theta}{\sin^2(\theta/2)},\qquad 1+\frac{\rho^2}{4a^2}=\frac{1}{\sin^2(\theta/2)} \tag{14}$$

である．これを利用すれば

$$(dl')^2=a^2\left(1+\frac{\rho^2}{4a^2}\right)^2\{(d\theta)^2+\sin^2\theta(d\varphi)^2\} \tag{15}$$

を得る．したがって(9)と(15)を比べて

$$(dl)^2=\frac{(dl')^2}{(1+\rho^2/4a^2)^2} \tag{16}$$

これが球面上の接近した2点の距離PP′$=dl$とその立体射影QQ′$=dl'$の関係であ

る．この場合のように球面の射影では

$$dl < dl' \tag{17}$$

であることに注意してほしい．

【直接の変換】　念のため直接の変換 $(x,\ y) \to (\xi,\ \eta)$ も調べておこう．これは

$$\boxed{\begin{aligned} &x=\frac{\xi}{1+\rho^2/4a^2}, \qquad y=\frac{\eta}{1+\rho^2/4a^2}, \\ &z=a\frac{1-\rho^2/4a^2}{1+\rho^2/4a^2}, \qquad \rho^2=\xi^2+\eta^2 \end{aligned}} \tag{18}$$

と書けることが容易に確かめられる．微分して

$$\begin{aligned} dx&=\frac{d\xi}{1+\rho^2/4a^2}-\frac{\rho\xi d\rho/2a^2}{(1+\rho^2/4a^2)^2} \\ dy&=\frac{d\eta}{1+\rho^2/4a^2}-\frac{\rho\eta d\rho/2a^2}{(1+\rho^2/4a^2)^2} \\ dz&=-\frac{\rho d\rho}{a(1+\rho^2/4a^2)^2} \end{aligned} \tag{19}$$

これから

$$\begin{aligned} &(dl)^2=(dx)^2+(dy)^2+(dz)^2=\frac{(d\xi)^2+(d\eta)^2}{(1+\rho^2/4a^2)^2} \\ &x^2+y^2+z^2=a^2 \end{aligned} \tag{20}$$

が得られる．これは (16) と同じである．

4次元空間の3次元球面

前節のふつうの球面の扱いはそのまま高次元へ拡張できる．

4次元空間 $(x,\ y,\ z,\ w)$ 内の3次元球面（半径 a）は

$$x^2+y^2+z^2+w^2=a^2 \tag{21}$$

と書ける．極座標で書けば

$$\begin{aligned} &x=a\sin\chi\sin\theta\cos\varphi, \qquad y=a\sin\chi\sin\theta\sin\varphi, \\ &z=a\sin\chi\cos\theta, \qquad w=a\cos\chi \end{aligned} \tag{22}$$

となる．接近した2点の距離を dl とすれば，(21) の制限の下に

$$(dl)^2=(dx)^2+(dy)^2+(dz)^2+(dw)^2$$
$$=a^2[(d\chi)^2+\sin^2\chi\{(d\theta)^2+\sin^2\theta(d\varphi)^2\}] \tag{23}$$

となる．

立体射影変換の拡張は

$$\boxed{\begin{aligned} x&=\frac{\xi}{1+\rho^2/4a^2}, & y&=\frac{\eta}{1+\rho^2/4a^2} \\ z&=\frac{\zeta}{1+\rho^2/4a^2}, & w&=a\frac{1-\rho^2/4a^2}{1+\rho^2/4a^2} \end{aligned}} \tag{24}$$

であり，射影した 2 点の距離を dl' とすると

$$\boxed{(dl)^2=\frac{(dl')^2}{(1+\rho^2/4a^2)^2}=\frac{(d\xi)^2+(d\eta)^2+(dz)^2}{(1+\rho^2/4a^2)^2}} \tag{25}$$

となる．これらはふつうの 2 次元的球面の自然な拡張である．

Tea Time

プラトンのイデア

旧制中学の 4 年生（高校 1 年だったか）の頃だったと思う．何という科目だったか覚えていないが，哲学じみた授業があった．先生は心理学が専門だったように覚えているが，哲学だったかもしれない．おとなしくて若い先生であった．授業ではソクラテスとプラトンの話をしてくれて古代アテネは人口何千人が適当であるとプラトンがいったというような話があり，プラトンの『対話篇』の一部を読んだ記憶がある．その先生の学究らしい静けさが好きで，先生と話をするために何度か下宿へお邪魔したりした．

そんなときに聞いたことでその後もずっと心に残ったのはプラトンが考えたイデアの話である．プラトンは幾何学を重視し，プラトンの学校の門には「幾何学を知らぬものは入るべからず」と書いてあったというが，イデアの話も幾何学と結びつけるとわかりやすい．

たとえば，紙の上に3角形を描いたとする．その3角形の3つの辺は完全な直線でなく，線には太さがあり，くわしくみれば欠点だらけである．それでもわれわれは3角形の図から完全な3角形というものを想像することができる．円形のもの，球形のものは身のまわりにたくさんあるが，どれも不完全な形である．しかしわれわれは完全な円，完全な球形を想像することができる．われわれのつくるもの，感覚でとらえるものはすべて不完全であるが，それらのうしろに完全なものがあると思う．それがイデアである．これは幾何学的なものや科学的なものについては考えやすく，なるほどと思われる．しかしプラトンのイデアはもっと奥深く，感覚よりも先にあるものらしい．たとえば馬のイデアというものがあるので，不完全なところのある馬でもそれを見たときに馬であると認識することができるというらしい．このへんのことはよくわからない．

第 3 講

閉じた空間，開いた空間

―テーマ―
- ◆ 閉じた曲面
- ◆ 開いた曲面
- ◆ 極座標
- ◆ Tea Time：完全なもの

2次元曲面

【閉じた曲面】 ここまで閉じた空間（あるいは面）について述べてきた．閉じたというのは端がないということで，その最も標準的なものは球面であるが，これは2次元的なものである．これに対してアインシュタイン宇宙は3次元空間が端をもたずに閉じているのだから，図示できないが，次元数を落として図9のように描いた．これを少し改めて図10に再掲する．開いた空間を考える準備である．

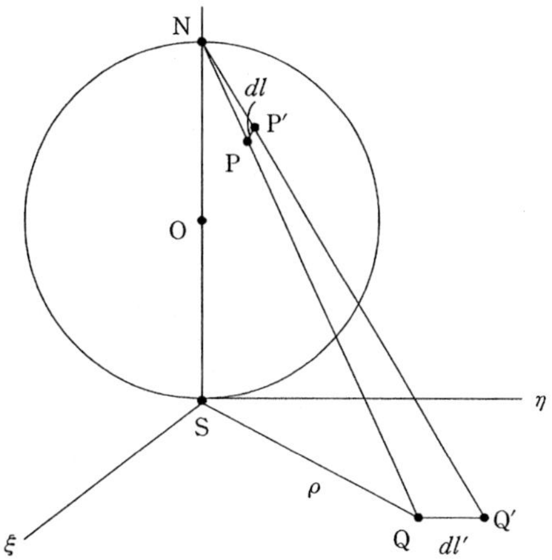

図 10 射影 (P, P′ → Q, Q′)

図10において単位球上の接近した2点 P と P′ の立体射影を Q および Q′ とする．PP′ の距離を dl とし，

QQ′ の距離を dl' とすると，すでに述べたように

$$(dl)^2=\frac{(dl')^2}{(1+\rho^2/4a^2)^2} \tag{1}$$

の関係がある．ただしここで ρ は射影面上における点 Q(ξ, η) と原点（単位球の南極 S）との間の距離である．すなわち

$$\rho^2=\xi^2+\eta^2, \qquad (dl')^2=(d\xi)^2+(d\eta)^2 \tag{2}$$

したがって $dl<dl'$ であり，特に $\rho=$一定の円周を l'，これに対応する単位球面上の円周を l とすれば

$$l<l'=2\pi\rho \tag{3}$$

である（図 11 a）．これはすべて線素の式（1）についてのことであった．

【開いた曲面】（1）の分母で ρ^2 の符号を変えた式を考え，

$$(dl)^2=\frac{(dl')^2}{(1-\rho^2/4a^2)^2}$$
$$(dl')^2=(dx^1)^2+(dx^2)^2 \tag{4}$$

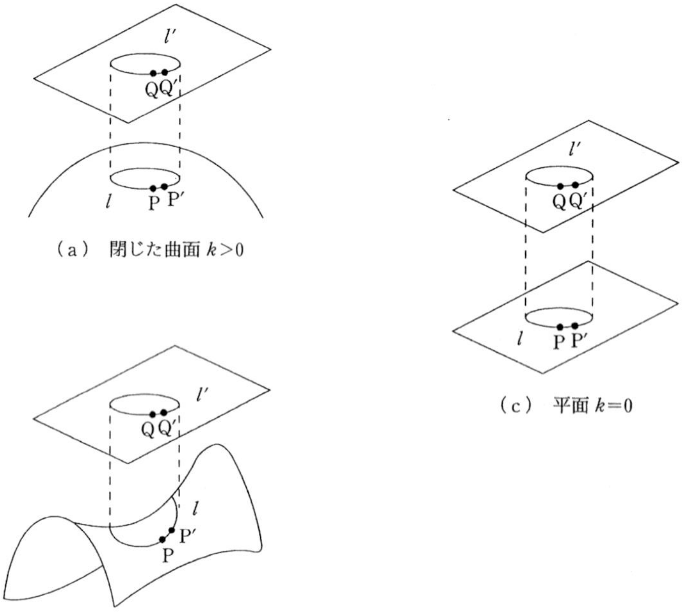

（a）閉じた曲面 $k>0$

（b）開いた曲面 $k<0$

（c）平面 $k=0$

図 11　曲面の分類

という対応 ($dl \leftrightarrow dl'$) を考えることができる．このときは $dl > dl'$ であって，特に ρ＝一定の対応する円周をそれぞれ l，および l' とすると

$$l > l' = 2\pi\rho \tag{5}$$

である．この対応関係はうまく図示できないが，しいて描けば図 11 b のように平面上の点 Q と鞍形面上の点 P の間の射影と考えることができる．

球面と鞍形面の間に，平面と平面との間の射影

$$(dl)^2 = (dl')^2 \tag{6}$$

が考えられる．

これらの 3 つの場合をまとめて

$$(dl)^2 = \frac{(dl')^2}{(1+k\rho^2/4)^2} \tag{7}$$

と書くことができる．$k>0$ であれば k の大きさに関係がなく球面，いわゆる正の曲率の曲面による射影である．$k=0$ は曲率ゼロの平面，$k<0$ は鞍形で曲率は負である．したがって k の値を

$$k = +1,\ 0,\ -1 \tag{8}$$

の 3 つに限ってもよい．

曲がった 3 次元空間

【閉じた空間】 前節で考えたことを拡張して曲がった 3 次元空間へ広げることができる．ここで対応 $dl \leftrightarrow dl'$ として

$$\begin{aligned} (dl)^2 &= \frac{(d\xi)^2+(d\eta)^2+(d\zeta)^2}{(1+\rho^2/4a^2)^2} \\ \rho^2 &= \xi^2+\eta^2+\zeta^2 \end{aligned} \tag{9}$$

を考える．ここで第 2 講 (18) を拡張した (24) の座標変換

$$\begin{aligned} x &= \frac{\xi}{1+\rho^2/4a^2}, \qquad y = \frac{\eta}{1+\rho^2/4a^2} \\ z &= \frac{\zeta}{1+\rho^2/4a^2}, \qquad w = a\frac{1-\rho^2/4a^2}{1+\rho^2/4a^2} \end{aligned} \tag{10}$$

を考えると

$$x^2+y^2+z^2+w^2 = a^2 \tag{11}$$

が成り立つ．したがって (x, y, z, w) は4次元空間の中の3次元の球面を表す．

ここで極座標

$$\xi=\rho\sin\theta\cos\varphi, \qquad \eta=\rho\sin\theta\sin\varphi, \qquad \zeta=\rho\cos\theta \tag{12}$$

を用いると

$$(d\xi)^2+(d\eta)^2+(d\zeta)^2=(d\rho)^2+\rho^2\{(d\theta)^2+\sin^2\theta(d\varphi)^2\} \tag{13}$$

したがって線素の式は

$$(dl)^2=\frac{(d\rho)^2+\rho^2\{(d\theta)^2+\sin^2\theta(d\varphi)^2\}}{(1+\rho^2/4a^2)^2} \tag{14}$$

となる．次のような変換もよく用いられる．

$$r=\frac{\rho}{1+\rho^2/4a^2} \tag{15}$$

とおくと

$$(dl)^2=\frac{dr^2}{1-r^2/a^2}+r^2\{(d\theta)^2+\sin^2\theta(d\varphi)^2\} \tag{16}$$

となる．

さらに変換

$$d\chi=\frac{dr/a}{\sqrt{1-r^2/a^2}}, \qquad r=a\sin\chi \tag{17}$$

をおこなえば4次元球面 (x, y, z, w) は

$$\begin{aligned} x&=a\sin\chi\sin\theta\cos\varphi, \qquad & y&=a\sin\chi\sin\theta\sin\varphi \\ z&=a\sin\chi\cos\theta, & w&=a\cos\chi \end{aligned} \tag{18}$$

と表され，線素の式は第2講 (23) の式

$$(dl)^2=a^2[(d\chi)^2+\sin^2\chi\{(d\theta)^2+\sin^2\theta(d\varphi)^2\}] \tag{19}$$

となる．

【開いた空間】

$$\begin{aligned} x&=\frac{\xi}{1-\rho^2/4a^2}, \qquad & y&=\frac{\eta}{1-\rho^2/4a^2} \\ z&=\frac{\zeta}{1-\rho^2/4a^2}, & w&=a\frac{1+\rho^2/4a^2}{1-\rho^2/4a^2} \end{aligned} \tag{20}$$

とおくと

$$x^2+y^2+z^2-w^2=-a^2 \tag{21}$$

となる．これは2次元の鞍形曲面の拡張であり，

$$\begin{aligned} &x=a\sinh\chi\sin\theta\cos\varphi, \qquad &&y=a\sinh\chi\sin\theta\sin\varphi, \\ &z=a\sinh\chi\cos\theta, &&w=a\cosh\chi \end{aligned} \tag{22}$$

とおくことができる．この極座標を用いると線素の式は

$$(dl)^2=a^2[(d\chi)^2+\sinh^2 2\chi\{(d\theta)^2+\sin^2\theta(d\varphi)^2\}] \tag{23}$$

と書かれる．

ま と め

前節で述べたように，同じ宇宙モデルでも座標系のとり方によってちがう表現が与えられる．ここでは宇宙のモデルとして空間的に閉じた宇宙，平らな宇宙，開いた宇宙の3つを考えてきたが，これらをまとめて

$$\boxed{(dl)^2=a^2\frac{(d\xi)^2+(d\eta)^2+(d\zeta)^2}{\{1+k(\xi^2+\eta^2+\zeta^2)/4\}^2}} \tag{24}$$

を標準的な表現としよう．ここで $k=1$ は閉じた空間，$k=0$ は平らな空間，$k=-1$ は開いた空間を表す．また a は空間座標（ξ，η，ζ）によらないものとする．

Tea Time

完全なもの

自然の奥に自然のイデアはあるのだろうか．自然はそれ自身がイデアであるような気がする．イデアというものは人間の認識のなかにあるのではないだろうか．人間の見るものはどこかに必ず欠点があるが，人間の考えにあるイデアは完全な姿をもちうる．これは1つのパラドックスのようだ．

円ははじまりもなくおわりもなく，それ自身で閉じている．球形はもっと完全に閉じている．むかしの人は地上にあるものは不完全で，天空にあるものは完全であると考えたらしい．したがって太陽は完全な球である．月はいくらか地上に

近いのでやや不完全なために満ち欠けしたりする．そう考えたそうだが，太陽に黒点があることを発見したときは困ったらしく，これは太陽の欠点ではなく，眼の欠点であるなどといったという話を聞いた．

しかし，いずれにしても完全な球形というのは特別すばらしいもののように思える．これは有限であってしかも閉じた形である．これに対して無限ということも1つの完全さであろう．人間は完全な球と無限という両極端にあこがれをもつ．宇宙について考えるときもそうだ．宇宙に限りがあるとすると，その端の宇宙と宇宙でないところの境界はどうなのかということが問題になるから，これでは話が完全に閉じない．イギリスの天文学者フレッド・ホイル（F. Hoyle）が唱えた定常宇宙論は無限宇宙であり，ホイルはここに完全な宇宙の姿を求めた（ホイルは2001年8月20日に86歳でなくなった）．彼は『暗黒星雲』『生命はどこからきたか』などのSF作家としても名高い．

これに対してアインシュタイン（A. Einstein）は4次元の球が3次元的に閉じた宇宙を模索した．これがアインシュタインの宇宙モデルである．

日本では完全なものをおそれ，避けようとする思想がある．完全な作品ができてしまったときは，あえて一部にきずをつけたという話を聞いた．完全なものは神か鬼に通じるという思想があるのである．

第 4 講

テ ン ソ ル

—テーマ

- ◆ テンソル
- ◆ 曲率
- ◆ スカラー曲率
- ◆ Tea Time：Black Cloud

基本テンソル

簡単な話からはじめよう．2 次元平面上にデカルト座標 x, y をとり，点 (x, y) とこれに接近した点 $(x+dx, y+dy)$ との間の距離を ds とすると

$$(ds)^2=(dx)^2+(dy)^2 \tag{1}$$

である．また，これを 2 次元極座標 (r, φ) で表し，距離を ds とすると

$$(ds)^2=(dr)^2+r^2(d\varphi)^2 \tag{2}$$

となる．

これらを n 次元の空間に拡張し，座標を $x^1, x^2, \cdots, x^n$，これに接近した点を $x^1+dx^1, x^2+dx^2, \cdots, x^n+dx^n$ と書き，これらの間の距離 ds（線素）を

$$\boxed{(ds)^2=g_{ik}dx^idx^k \qquad (g_{ik}=g_{ki})} \tag{3}$$

で定義する．g_{ik} はこの座標系と空間を定める量で基本（計量）テンソルという(テンソルの定義は後に述べる．g_{ik} がテンソルであることの証明は省略する)．上式で

$$g_{ik}dx^idx^k=g_{11}dx^1dx^1+g_{22}dx^2dx^2+\cdots+g_{12}dx^1dx^2+\cdots \tag{4}$$

という書き方をしている．つまり1つの項で i, k などの添字が2つ以上あるときは，この添字について和をとるのである．これはアインシュタイン(A. Einstein)がはじめた略記法である．g_{ik} の行列式を

$$g=|g_{ik}|=\det g \tag{5}$$

とし，

$$g^{ik}=\frac{1}{g}\,(g_{ik}\text{ の余因子})=\frac{1}{g}\frac{\partial g}{\partial g_{ik}} \tag{6}$$

とする．これらを用いてベクトル A^i からベクトル A_k，ベクトル A_i からベクトル A^k を

$$g_{ki}A^i=A_k, \qquad g^{ki}A_i=A^k \tag{7}$$

によって関係づける(A^i を反変ベクトル，A_k を共変ベクトルという)．g_{ik} や g^{ik} を用いて添字の数をへらす操作を縮約という．

テンソルの定義

座標系 x^i から x'^i に移るとき

$$T'^{ij}=\frac{\partial x'^i}{\partial x^r}\frac{\partial x'^j}{\partial x^s}T^{rs} \tag{8}$$

によって変換される量 T を2階の反変テンソルという．また

$$T'_{ij}=\frac{\partial x^k}{\partial x'^i}\frac{\partial x^l}{\partial x'^j}T_{kl} \tag{9}$$

と変換されるものを2階の共変テンソルという．同様に混合テンソル $T^k{}_l$ は変換

$$T'^i{}_j=\frac{\partial x'^i}{\partial x^k}\frac{\partial x^l}{\partial x'^j}T^k{}_l \tag{10}$$

にしたがう(ベクトルも実は同様の変換則によって定義される量である)．さらに高階のテンソルも定義される．

3 指 記 号

$$\left\{\begin{matrix}k\\ ij\end{matrix}\right\}=\frac{1}{2}g^{kl}\left(\frac{\partial g_{lj}}{\partial x^i}+\frac{\partial g_{li}}{\partial x^j}-\frac{\partial g_{ij}}{\partial x^l}\right) \tag{11}$$

を3指記号（クリストッフェル（Christoffel）の3指記号）という．これはテン

ソルでないので特に{　}を用いた．

リッチ・テンソル

$$R_{\mu\nu}=\frac{\partial}{\partial x^{\nu}}\begin{Bmatrix}\lambda\\ \mu\lambda\end{Bmatrix}-\frac{\partial}{\partial x^{\lambda}}\begin{Bmatrix}\lambda\\ \mu\nu\end{Bmatrix}+\begin{Bmatrix}\lambda\\ \sigma\nu\end{Bmatrix}\begin{Bmatrix}\sigma\\ \mu\lambda\end{Bmatrix}-\begin{Bmatrix}\lambda\\ \sigma\lambda\end{Bmatrix}\begin{Bmatrix}\sigma\\ \mu\nu\end{Bmatrix} \tag{12}$$

をリッチ・テンソルという（『相対性理論 30 講』p. 146）．また

$$R=g^{ij}R_{ij} \tag{13}$$

をスカラー曲率という．

リッチ・テンソルやスカラー曲率は基本テンソル g_{ij} の 2 階微分からなる．このことからこれらは曲率に関係したものであることが想像できる．

【例：球面】 半径 a の球面を 3 次元の極座標で表すと

$$(ds)^2=a^2(dx^1)^2+a^2\sin^2\theta(dx^2)^2 \tag{14}$$

ただし $x^1=\theta$，$x^2=\varphi$ であり

$$g_{11}=a^2, \qquad g_{22}=a^2\sin^2\theta \tag{15}$$

である．これからリッチ・テンソルを計算すると

$$R_{11}=-1, \qquad R_{22}=-\sin^2\theta, \qquad R_{12}=R_{21}=0 \tag{16}$$

となる．また

$$g=\det g=a^4\sin^2\theta \tag{17}$$

であり，

$$g^{11}=\frac{1}{a^2}, \qquad g^{22}=\frac{1}{a^2\sin^2\theta}, \qquad g^{12}=g^{21}=0 \tag{18}$$

したがってスカラー曲率は

$$R=\frac{1}{a^2}R_{11}+\frac{1}{a^2\sin^2\theta}R_{22}=-\frac{2}{a^2} \tag{19}$$

となり，これは球面の曲率半径 a の 2 乗に反比例するので，たしかに曲率を表している（球面のいわゆる主曲率半径は 2 つあって共に $1/a$ であり，曲面論でガウスの曲率とよばれるものはこれらの積 $K=1/a^2$ である．スカラー曲率 R はガウスの曲率の 2 倍（符号を変えたもの）に等しい（『相対性理論 30 講』p. 146）．

なお (14)，(19) は 3 次元空間の中の 2 次元的球面 $(x^1)^2+(x^2)^2+(x^3)^2=a^2$ に

ついての式であることを注意しておこう．

曲率テンソルの定義について

本書とシリーズ第 7 巻の『相対性理論 30 講』ではリーマンの曲率テンソルとして（次講 (12) 参照）

$$R^{\alpha}{}_{ijk}=\frac{\partial}{\partial x^j}\begin{Bmatrix}\alpha\\ ik\end{Bmatrix}-\frac{\partial}{\partial x^k}\begin{Bmatrix}\alpha\\ ij\end{Bmatrix}+\begin{Bmatrix}\tau\\ ik\end{Bmatrix}\begin{Bmatrix}\alpha\\ \tau j\end{Bmatrix}-\begin{Bmatrix}\mu\\ ij\end{Bmatrix}\begin{Bmatrix}\alpha\\ \tau k\end{Bmatrix} \tag{20}$$

を用いている．ランダウ・リフシッツ著『場の古典論』（恒藤敏彦・広重徹訳，東京図書，1978）をはじめ，これにしたがった本が多い．

しかし (20) にマイナスをつけたもの（$'R^{\alpha}{}_{ijk}$ と書こう）すなわち

$$\begin{aligned}'R^{\alpha}{}_{ijk}&=-R^{\alpha}{}_{ijk}=R^{\alpha}{}_{ikj}\\ &=-\frac{\partial}{\partial x^j}\begin{Bmatrix}\alpha\\ ik\end{Bmatrix}+\frac{\partial}{\partial x^k}\begin{Bmatrix}\alpha\\ ij\end{Bmatrix}-\begin{Bmatrix}\tau\\ ik\end{Bmatrix}\begin{Bmatrix}\alpha\\ \tau j\end{Bmatrix}+\begin{Bmatrix}\tau\\ ij\end{Bmatrix}\begin{Bmatrix}\alpha\\ \tau k\end{Bmatrix}\end{aligned} \tag{21}$$

をリーマン曲率の定義とした本も少くない．たとえばパウリ著『相対性理論』（内山龍雄訳，講談社，1974）はこれを用いている．

さらに本書や『相対性理論 30 講』では，リッチ・テンソルとして（$\alpha=k$ で縮約した）

$$R_{ij}=R^{\alpha}{}_{ij\alpha}=-'R^{\alpha}{}_{i\alpha j} \tag{22}$$

を用いている（本講 (12) 参照）．

これに対してリッチ・テンソルを（$\alpha=j$ で縮約した）

$$'R_{ik}=R^{\alpha}{}_{i\alpha k}=-'R^{\alpha}{}_{ik\alpha} \tag{23}$$

で定義している本もある．

これらのリッチ・テンソルを使うと重力場の方程式は

$$\begin{aligned}R_{ij}-\frac{1}{2}g_{ij}R&=-\varkappa T_{ij}\\ 'R_{ik}-\frac{1}{2}g_{ik}{}'R&=\varkappa T_{ik}\end{aligned} \tag{24}$$

となる．種々の本を合わせて読むときはこのような点に注意しなければならない．

Tea Time

Black Cloud

ホイル（Fred Hoyle）が書いたSF小説『暗黒星雲』の名は天文学（天体物理学といった方がいいだろうが）で大問題になっている暗黒物質（dark matter）とまぎらわしい．もちろんこれらは全く別のものである（と思う）．ホイルの本のもとの名は“Black Cloud”だった（定冠詞がついていたかどうかは覚えていないが）．

ノルウェーに1年いたとき，ノルウェーの友人が読みなさいといってこの本を貸してくれた．この小説のストーリーを紹介すると，これはノルウェーやイギリスなどの天文台を舞台にしたフィクションである．望遠鏡で夜空を見ていた天文学者が得体の知れない天体が地球に近づいてくるのを発見する．それは黒く，太陽系の一部をおおうほど大きく広がった何者かである．天文学者はそれが発する電波から，この天体が高い知能をもつ生き物であって，太陽のエネルギーをもらいに太陽系へやってきたことがわかる．しかしそのために太陽と地球の間にこの天体生物が入ってくると太陽の光をさえぎられるために地球上の生物にははかり知れない被害が生じることが明らかである．幸いなことにこの天体は人知を大きく超える知能をもっていて，すぐに人間の言葉を理解し，人間との間に会話が可能になる．結局，この天体は地球の人間の申し入れを聞いて，地球に被害が生じないように太陽系を去って宇宙のかなたへ行ってしまうのである．メデタシ，メデタシ．しかしその間にノルウェーの天文学者がつまらない事故で死んだりする気の毒な挿話もはさまれる．

いつだったかアメリカの大学のキャンパスを散歩していたときに生協のようなところでたまたまホイルの本を見つけて買ったことがあった．それは *Encounter with the Future*（初版1965，Simon and Schuster, N. Y.）というエッセイ集である．その中の1章“The Anatomy of Doom”（「運命の構造」とでも訳すか）を見ると人間の将来の大問題は人口の爆発的な増加であるとしている．そして世界の総人口は約300年ごとにおこる世界大戦によって20億と200億ぐらいの間を振動的に経過するだろうという，おそろしい予言までしている．

ノルウェーの友人にさそわれて劇場へ芝居を見にいったことがある．有名な物理学者が何人か，独裁者にとじ込められて生活している話だったように記憶しているが，芝居はノルウェー語だったのでくわしいことはほとんどわからなかった．最近の雑誌「図書」（岩波書店，2001年9月号）で，第2次大戦後ハイゼンベルク

(W. K. Heisenberg) ら 9 名のドイツの学者が，イギリスに集められたという話を読んだ（長谷川眞理子『英国科学者史跡ガイド』）．すべての部屋に盗聴器をつけて彼らの話から，ナチスが原爆をつくれなかった理由を探ろうとした．これは芝居（マイケル・フレイン「コペンハーゲン」）になっているそうだが，私の見た芝居とは別のものかもしれない．

第 5 講

球面の曲率テンソル

―テーマ

- ◆ 2 次元球面
- ◆ リッチ・テンソル
- ◆ スカラー曲率
- ◆ アインシュタイン空間
- ◆ Tea Time：非ユークリッド幾何

曲率テンソル

前講でテンソルについてやや一般的な説明をした．本講ではふつうの球面(2 次元）を例にしてリッチ・テンソル，平均曲率を調べてみよう．まず球面上の線素 dl を

$$(dl)^2=g_{\alpha\beta}dx^\alpha dx^\beta=\frac{(dx^1)^2+(dx^2)^2}{(1+\rho^2/4a^2)^2} \qquad (1)$$

$$\rho^2=(x^1)^2+(x^2)^2$$

とする．ここで基本テンソル $g_{\alpha\beta}$ は

$$g_{\alpha\beta}=\frac{1}{(1+\rho^2/4a^2)^2}\delta_{\alpha\beta} \qquad (2)$$

と書ける．ただし，$\delta_{\alpha\beta}$ はクロネッカーの記号．

$g_{\alpha\beta}$ の行列式は形式的に

$$g=\det g=g_{11}g_{22}g_{33} \qquad (3)$$

であり

$$g^{\alpha\alpha}=\frac{1}{g}\frac{\partial g}{\partial g_{\alpha\alpha}}=\frac{1}{g_{\alpha\alpha}},\qquad g^{\alpha\beta}=0\qquad(\alpha\neq\beta)\tag{4}$$

すなわち

$$g^{\alpha\beta}=(1+\rho^2/4a^2)^{-2}\delta^{\alpha\beta}\tag{5}$$

である．

以上の式を用いてリッチ・テンソル $R_{\alpha\beta}$ とスカラー曲率 R を求めると

$$R_{\alpha\beta}=-\frac{1}{a^2}g_{\alpha\beta},\qquad R=g^{\alpha\beta}R_{\alpha\beta}=-\frac{2}{a^2}\tag{6}$$

であることが示される．

【証明】 まず (1) を

$$\begin{aligned}(dl)^2&=g_{\alpha\beta}dx^\alpha dx^\beta\\ g_{\alpha\beta}&=\frac{1}{\omega^2}\delta_{\alpha\beta}\\ \omega&=1+\frac{1}{4a^2}\{(x^1)^2+(x^2)^2\}\end{aligned}\tag{7}$$

と書こう．さらに

$$\omega_\alpha=\frac{\partial\omega}{\partial x^\alpha}=\frac{x^\alpha}{2a^2}\tag{8}$$

と書く．3指記号は ($\tau=1, 2, 3$)，第4講 (11) により

$$\begin{aligned}\left\{{\alpha \atop \beta\gamma}\right\}&=\frac{1}{2}\omega^2\delta^{\alpha\tau}\left\{\frac{\partial}{\partial x^\beta}\left(\frac{1}{\omega^2}\delta_{\gamma\tau}\right)+\frac{\partial}{\partial x^\gamma}\left(\frac{1}{\omega^2}\delta_{\beta\tau}\right)-\frac{\partial}{\partial x^\tau}\left(\frac{1}{\omega^2}\delta_{\beta\gamma}\right)\right\}\\ &=-\frac{1}{\omega}(\omega_\beta\delta^\alpha{}_\gamma+\omega_\gamma\delta^\alpha{}_\beta-\omega_\alpha\delta_{\beta\gamma})\\ &=-\frac{1}{2\omega a^2}(x^\beta\delta^\alpha{}_\gamma+x^\gamma\delta^\alpha{}_\beta-x^\alpha\delta_{\beta\gamma})\end{aligned}\tag{9}$$

であり，

$$\begin{aligned}\frac{\partial}{\partial x^\tau}\left\{{\alpha \atop \beta\gamma}\right\}=&-\frac{1}{2\omega a^2}(\delta_{\beta\tau}\delta^\alpha{}_\gamma+\delta_{\gamma\tau}\delta^\alpha{}_\beta-\delta^\alpha{}_\tau\delta_{\beta\gamma})\\ &+\frac{1}{4\omega^2a^4}x^\tau(x^\beta\delta^\alpha{}_\gamma+x^\gamma\delta^\alpha{}_\beta-x^\alpha\delta_{\beta\gamma})\end{aligned}\tag{10}$$

$$\left\{\begin{matrix}\mu\\\beta\gamma\end{matrix}\right\}\left\{\begin{matrix}\alpha\\\mu\tau\end{matrix}\right\}=\frac{1}{4\omega^2a^4}(2x^\beta x^\gamma\delta^\alpha{}_\tau+x^\beta x^\tau\delta^\alpha{}_\gamma+x^\gamma x^\tau\delta^\alpha{}_\beta$$
$$-x^\alpha x^\beta\delta_{\gamma\tau}-x^\alpha x^\gamma\delta_{\beta\tau}-\omega^2\delta_{\beta\gamma}\delta^\alpha{}_\tau) \tag{11}$$

などである．これらを用いてリーマンの曲率テンソル(リーマン-クリストッフェルの曲率テンソル) $R^\alpha{}_{\beta\gamma\tau}$ を計算すると

$$\begin{aligned}R^\alpha{}_{\beta\gamma\tau}&=\frac{\partial}{\partial x^\gamma}\left\{\begin{matrix}\alpha\\\beta\tau\end{matrix}\right\}-\frac{\partial}{\partial x^\tau}\left\{\begin{matrix}\alpha\\\beta\gamma\end{matrix}\right\}+\left\{\begin{matrix}\mu\\\beta\tau\end{matrix}\right\}\left\{\begin{matrix}\alpha\\\mu\gamma\end{matrix}\right\}-\left\{\begin{matrix}\mu\\\beta\gamma\end{matrix}\right\}\left\{\begin{matrix}\alpha\\\mu\tau\end{matrix}\right\}\\&=-\frac{1}{\omega a^2}(\delta_{\beta\gamma}\delta^\alpha{}_\tau-\delta_{\beta\tau}\delta^\alpha{}_\gamma)+\frac{\rho^2}{4\omega^2a^4}(\delta_{\beta\gamma}\delta^\alpha{}_\tau-\delta_{\beta\tau}\delta^\alpha{}_\gamma)\\&=-\frac{1}{\omega^2a^2}\left(\omega-\frac{\rho^2}{4a^2}\right)(\delta_{\beta\gamma}\delta^\alpha{}_\tau-\delta_{\beta\tau}\delta^\alpha{}_\gamma)\\&=-\frac{1}{\omega^2a^2}(\delta_{\beta\gamma}\delta^\alpha{}_\tau-\delta_{\beta\tau}\delta^\alpha{}_\gamma)\\&=-\frac{1}{a^2}(g_{\beta\gamma}\delta^\alpha{}_\tau-g_{\beta\tau}\delta^\alpha{}_\gamma)\end{aligned} \tag{12}$$

これを $\alpha=\tau$ で縮約するとリッチ・テンソルとして

$$R_{\beta\gamma}=R^\alpha{}_{\beta\gamma\alpha}=-\frac{1}{a^2}(g_{\beta\gamma}\delta^\alpha{}_\alpha-g_{\beta\alpha}\delta^\alpha{}_\gamma) \tag{13}$$

が得られる．

いまの場合は（1）により，考えている球面はふつうの球面の次元は $n=2$((7)参照) であるから

$$\delta^\alpha{}_\alpha=\delta^1{}_1+\delta^2{}_2=2 \tag{14}$$

である．したがってこの場合は

$$R_{\beta\gamma}=-\frac{1}{a^2}g_{\beta\gamma} \tag{15}$$

であり，スカラー曲率は

$$R=g^{11}R_{11}+g^{22}R_{22}=-\frac{2}{a^2} \tag{16}$$

となる． ∎

【注意】 このように3次元空間の中の2次元の球面では，スカラー曲率 R はガウス曲率 $K=1/a^2$ の2倍（符号を変えたもの）に等しい．

一般の $n+1$ 次元空間の中の n 次元の球面では (13) において $\delta^{\alpha}{}_{\alpha}=n$ であり，リッチ・テンソルは

$$R_{\beta\gamma}=-\frac{n-1}{a^2}g_{\beta\gamma} \tag{17}$$

であり，スカラー曲率は

$$R=-\frac{n(n-1)}{a^2} \tag{18}$$

に等しい．

(17) のようにリッチ・テンソル $R_{\beta\gamma}$ が基本テンソル $g_{\beta\gamma}$ に比例する場合，この球面の空間をアインシュタイン空間という．この空間はスカラー曲率がどこでも一定であるという著しい性質をもっている．

Tea Time

非ユークリッド幾何

ユークリッド幾何学は平面の上に描いた図形の幾何学である．平面に有限な3角形を描けば，内角の和は2直角になるように見える．これを公理化した平行線の公理は約千年の間真実と思われてきた．これが疑われるようになったのは大数学者ガウスの頃からである．

ガウス（C. F. Gauss）は平行線の公理を捨てても矛盾のない幾何学が構成できることに気がついた．しかしすべての人が唯一のものと信じているユークリッド幾何以外の幾何があるなどといったら，大さわぎになるにちがいないと思ってあえてこれを発表しなかった．ガウスがどのような証明をしたのか知らないが，おそらく当時の数学のレベルとしては理解しにくい証明だったのだろう．

ほとんど同時にボヤイ（ボリアイ（Bolyai János））とロバチェフスキー（N. I. Lobatchevsky）が独立に非ユークリッド幾何を発表した．この話は有名なので省略する．

彼らが発見したのは，「与えられた直線外の1点を通り，その直線に平行な直線が2本以上引けるとしても幾何学ができる」ということであったが，これが本当

に矛盾のない幾何であることの証明は別の人たちがしたといわれている．この証明は少しむずかしいので，もう１つの非ユークリッド幾何をさきに述べよう．

それは「与えられた直線外の１点を通り，その直線に平行な直線は１本もない」というものでリーマン（G. F. B. Riemann）によって気付かれたものである（これはリーマン幾何学といわれているものと異なる）．これは球面上の非ユークリッド幾何とよばれることがあるが，それは球面上の幾何（球面幾何）がこの非ユークリッド幾何のモデルを与えるからである．これについて述べよう．

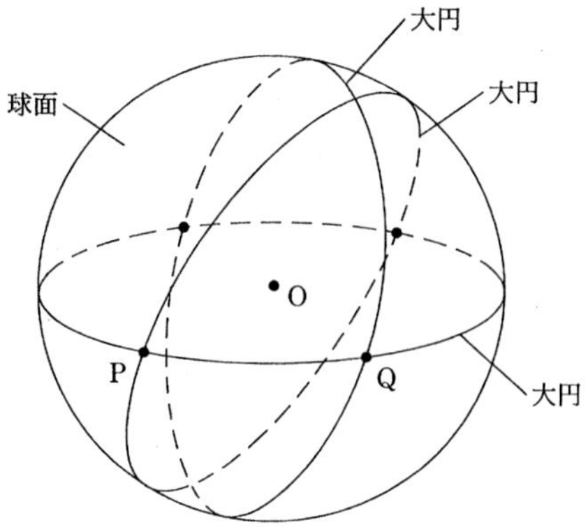

球面を考え，その上の任意の２点をＰおよびＱとする（球面の中心ＯとＰおよびＱを通る平面が球面と切り合う曲線を大円というと，ＰとＱを結ぶ球面上の曲線で最短のもの（測地線）はPQを通る大円の弧である）．球面を平面に，球面上の大円を平面上の直線に対応させる．そうすると２本の直線（大円）は必ず交わることになり，球面幾何は平行線をもたない非ユークリッド幾何のモデルとなる．

このようなモデルをボヤイとロバチェフスキーの非ユークリッド幾何に対しても考えることができる．これは鞍形の曲面を平面に，この曲面上の２点を結ぶ最短曲線（測地線）を直線に対応させるモデルである．

この他にも非ユークリッド幾何をわかりやすく納得させるようなモデルがいくつか考えられている．幾何を抽象的な公理系とみれば，何を直線とよぶか，何を２本の直線の間の角度とよぶかによっていろいろな幾何がつくれるわけである．曲面を球面や鞍形曲面に限らないで任意のなめらかな曲面上の幾何を考えれば，いわゆるリーマン幾何学のモデルがつくられる．

第 6 講

重力場の方程式

―テーマ―

- ◆ 重力場の方程式
- ◆ エネルギー運動量テンソル
- ◆ Tea Time：K. シュワルツシルト

重力場の方程式（1）

アインシュタインの重力場の方程式は（いわゆる宇宙項を除くと）

$$R_{ik}-\frac{1}{2}g_{ik}R=-\varkappa T_{ik} \tag{1}$$

と書ける（『相対性理論 30 講』p. 180）．ここで R_{ik} はリッチ・テンソル，R はスカラー曲率であり，上式の左辺は重力による時空のゆがみを与える式である．そして右辺 T_{ik}（エネルギー運動量テンソル）は重力の源になる量で，G を万有引力（$f=Gmm'/r^2$）定数として

$$\varkappa=\frac{8\pi G}{c^4} \tag{2}$$

である．これは重力場の方程式（1）が，重力の弱いときにニュートンの万有引力を表すポアソンの方程式

$$\left(\frac{\partial^2}{\partial x^2}+\frac{\partial^2}{\partial y^2}+\frac{\partial^2}{\partial z^2}\right)\Phi=4\pi G\rho \qquad (3)$$

と一致しなければならないことからきめられた．ここで万有引力の法則を $f=-Gmm'/r^2$（G は万有引力の定数）としたときのポテンシャルが Φ であり，弱い重力の場合（ニュートン近似）では

$$g_{00}=1+\frac{2\Phi}{c^2},\qquad g_{11}=g_{22}=g_{33}=-1,\qquad g_{ik}=0\quad(i\neq k) \qquad (4)$$

であり，（1）はこのとき（3）になる．

エネルギー運動量テンソル

物質部分に対して瞬間的に静止した座標系（$x^0=ct$, $x^1=x$, $x^2=y$, $x^3=z$）をとり，物質を完全流体とすると

$$\boxed{T^{ik}=\begin{pmatrix}\rho c^2 & 0 & 0 & 0\\ 0 & p & 0 & 0\\ 0 & 0 & p & 0\\ 0 & 0 & 0 & p\end{pmatrix}} \qquad (5)$$

となる．ただしここで ρ は流体の密度，ρc^2 は静止流体のエネルギー密度，p はこの座標系での圧力である．

これを一般座標系へ変換すれば

$$\boxed{T^{ik}=\left(\rho+\frac{p}{c^2}\right)u^iu^k-pg^{ik}} \qquad (6)$$

となる．ここで u^i は流体に対する座標系の 4 元速度

$$u^i=\frac{dx^i}{d\tau}\qquad(cd\tau=ds) \qquad (7)$$

を表す（『相対性理論 30 講』p. 170）．

（3）あるいは（6）は，流体力学における完全流体の方程式をテンソル形式で書くことによって導かれるものである．T^{ik} を（6）のように与えたとき，$T^i{}_j$ は g_{jk} を用いて添字を上下させて求められる（『相対性理論 30 講』p. 171, 213）．この変

換は

$$T^i{}_j = g_{jk} T^{ik} \tag{8}$$

であるが，座標系に対し流体は静止しているとするので座標 $(\alpha=1, 2, 3)$ と時間座標 $(i=0)$ に対し

$$u^\alpha = 0 \quad (\alpha=1, 2, 3), \qquad u^0 = u_0 = c \tag{9}$$

である．さらに

$$g_{jk} g^{ik} = \delta_j{}^i = \begin{cases} 0 & (i \neq j) \\ 1 & (i = j) \end{cases} \tag{10}$$

であるから

$$\begin{aligned} T^0{}_0 &= \left(\rho + \frac{p}{c^2}\right) c^2 - p = \rho c^2 \\ T^0{}_\alpha &= 0 \\ T^\alpha{}_\beta &= -p \delta^\alpha{}_\beta \qquad (\alpha, \beta = 1, 2, 3) \end{aligned} \tag{11}$$

これらをまとめると

$$\boxed{T^i{}_j = \begin{pmatrix} \rho c^2 & 0 & 0 & 0 \\ 0 & -p & 0 & 0 \\ 0 & 0 & -p & 0 \\ 0 & 0 & 0 & -p \end{pmatrix}} \tag{12}$$

となる．

（6）に比べて (12) の方が簡単なので，重力場の方程式を扱うには（9）の方がいくらか便利なこともある．

重力場の方程式（2）

重力場の方程式（1）に g^{ik} を掛けて縮約すると各項は

$$g^{ik} R_{ik} = R, \qquad g^{ik} g_{ik} = 4, \qquad g^{ik} T_{ik} = T \tag{13}$$

となり（R はスカラー曲率)，（1）は

$$R = \varkappa T \tag{14}$$

を与える．これに $1/2 g_{ik}$ を掛けて（1）に加えれば

$$R_{ik}=-\varkappa\left(T_{ik}-\frac{1}{2}g_{ik}T\right) \tag{15}$$

となる．これは重力場の方程式（1）の別の表し方である．

（1）に g^{ji} を掛けると

$$g^{ji}R_{ik}=R^{j}{}_{k}, \qquad g^{ji}g_{ik}=\delta^{j}{}_{k}, \qquad g^{ji}T_{ik}=T^{i}{}_{k} \tag{16}$$

により，混合テンソルで表した重力場の方程式

$$R^{j}{}_{k}-\frac{1}{2}R\delta^{j}{}_{k}=-\varkappa T^{j}{}_{k} \tag{17}$$

を得る．また (15) からは同様にして

$$R^{j}{}_{k}=-\varkappa\left(T^{j}{}_{k}-\frac{1}{2}g^{j}{}_{k}T\right) \tag{18}$$

を得る．これらはすべて同等な重力場の方程式であり，場合によって便利なものを用いればよい．

Tea Time

K. シュワルツシルト

カール・シュワルツシルト（Karl Schwarzschild, 1873-1916）はアインシュタインの重力場方程式の厳密解(特殊解)をはじめて与えた人として有名である．第1次大戦に志願従軍して病気で急死した．これから彼は若くてすばらしい研究をして亡くなったと思われそうであるが，実はアインシュタイン(A. Einstein, 1879-1955）よりも年上であったし，多方面の研究をしていた中年の学者であった．彼はゲッチンゲン大学教授・天文台長，ポツダム天体物理観測所長をつとめ，天文学者，数理物理学者として多岐にわたる業績を挙げていた．

重力場方程式は 1915 年 11 月に完成に近づいていたが，アインシュタインは近似方法で太陽による光の湾曲と水星の近日点の移動の値を予言・算出した．この頃彼はまだ完全に正しい方程式に到達していなかったのであるが，近似計算で幸いに正しい数値を得たのである．そして 11 月 25 日には正しい重力場方程式を得ている．

このようなアインシュタインの努力と平行してシュワルツシルトはこの方程式の厳密解を模索していたと思われる．1916年1月16日に当時ロシア戦争にいたシュワルツシルトにかわって，アインシュタインはシュワルツシルトの厳密解をプロシア・アカデミーで報告している（パイス『神は老獪にして…』産業図書，p. 324)．ついで2月24日はシュワルツシルトの別の論文（内部解）を報告し，5月11日に戦病死した彼を追悼している．

さて，アインシュタイン生誕百年祭があった前の年だったかと思うが，筆者はたまたまプリンストン大学の数学教室でクルスカル教授（M. D. Kruskal，重力場方程式に対するクルスカル時空やソリトンの発見でも知られている）などの前で非線形格子力学について話をしたことがあった．話が終わったとき，1人のそう若くない人が話しかけてきて，研究室へ誘われた．彼の名はマーティン・シュワルツシルトといい，カール・シュワルツシルトの息子であった．「私は父のような才能がないので，ある対称性をもった銀河の中の星の運動を調べています」というようなことを話してくれたのでカオス現象などが話題になった．静かな人であった．

昨年偶然手に入れた本（ゴールドスミス『宇宙を見つめる人たち』新潮文庫，p. 278）にマーティン・シュワルツシルトのことが書いてあるのを発見した．それによれば，「星の内部で重要な役割を果たしている核融合サイクルを発見したのがハンス・ベーテ（H. A. Bethe）だとすれば，マーティン・シュワルツシルトとその仲間たちがやろうとしたのは，その融合炉の中ではいったい何が起こっているかをくわしく計算することだった．……シュワルツシルトの成功は完璧だった．……ベーテの炭素サイクルは温度によって反応速度が大きく変化することがわかった．……」ということである．

第 7 講

宇　宙　論

―テーマ―

- ◆ 宇宙観
- ◆ 一般相対論
- ◆ アインシュタイン宇宙
- ◆ Tea Time：ユダヤ系の学者

宇　宙

本講の前半では一般相対性理論にもとづく宇宙論を扱う．まず，宇宙に関係した物理学には次の 2 つの流れがある．

① 天文学：天体の運動，恒星の変化など，宇宙に見られる諸現象を個別的に研究する．

② 宇宙論：宇宙全体をそのあり方，すなわち 1 個の有機的存在として考察する．

星の構造，成長，変化，寿命などの研究は ① に属し，宇宙全体の構造，変化などは ② に属する．

ここで扱うのは主に ② の意味の宇宙論である．これはその他の物理学，あるいは科学と異なる点が 1 つ存在することも注目される．それは，他の科学分野が扱う対象はきわめて多数の類似のものや現象であるのに対し，宇宙はおそらくこの世に唯 1 つしか存在しないと思われる研究対象である．この世に唯 1 つしかないものを研究するのが科学であるかどうかは議論をよびそうな事柄である．宇宙の現状を観測し，そこから将来の変化を予測しあるいは過去を推測することは他の科学と同様である．しかし，宇宙に関する現在のわれわれの知識はきわめて限られていて，われわれは宇宙の瞬間的な断面を見ているにすぎない．これから先にどのような情報が遠方の星からの光などによってもたらされるか，予測することすらできないわけである．たとえば1億光年の距離にある星を望遠鏡で見るとき，われわれが得るのはその星の1億年前の情況についての知識である．宇宙の果ての百数十億光年以上の遠方がどうなっているのか，われわれは何も知っていないが，その遠方の宇宙の地平からはつぎつぎと新しい情報が入ってくるのである．宇宙論は宇宙の地平のかなたにもこれまでと同じような宇宙が広がっているという，怪しげな仮説を前提にしなければ成立し得ないものである（他の科学についても同様なことがいえなくもない．物理法則のすべてが明日はひっくり返らないとも限らないといえるかもしれない．しかしこれらの場合の“程度”の差は無視できないだろう）．

一般相対性理論と宇宙論

アインシュタイン（A. Einstein）が一般相対性理論を完成させたのは1915年であった．このとき彼は水星の近日点の移動に対する一般相対論的効果を説明し，太陽の重力により遠方の星からの光が曲がることを予言した（これは1919年に検証された）．

1905年に提出された特殊相対性理論は慣性系どうしの間で成り立つ時間・空間の変換規則を述べたものである．慣性系とは慣性の法則が成り立つ座標系のことで，重力が無視できるとき1つの慣性系に対して一定の速度で運動している座標系も慣性系である．これらの座標系の間の変換は簡単にいえば直線座標系の幾何学的な座標変換（ローレンツ変換）であり，これのみで全時空がおおわれるとき，これをミンコフスキー時空といい，時空は平らであるという．物理的には，ローレンツ変換は光速度を不変に保つ変換であって，式で書けば

$$(ds)^2=(cdt)^2-(dx)^2-(dy)^2-(dz)^2 \tag{1}$$

を不変に保つ変換である．ds は2つの時空点 (ct, x, y, z) と $(ct+d(ct), x+dx, y+dy, z+dz)$ の間の時空的距離を意味する（(1) の右辺の符号を変えた本もある）．

一般相対性理論では，慣性系も慣性系でない任意の座標系でもすべて同等であり(ただし座標系は連続でなめらかであるとする)，基礎的な物理法則はあらゆる座標系で同じ形をとることを要請する．これは一般共変原理（一般相対性原理とよばれるものの内容）とよばれる．重力が全くない空間では全時空をミンコフスキー時空とする直線座標系を選ぶことができる（この時空は平らである)．

一般相対性理論では，慣性系でない座標系で現れる慣性力（遠心力やコリオリ力）を重力と同等視する（等価原理)．しかし慣性力は全空間に一様にはたらき，適当な座標系では消滅するのに対し，星などの物質による本当の重力は場所によって強さ方向が異なり，全空間でこれが消えるようなミンコフスキー直線座標系を見出すことは不可能である．ただし小さな領域に分ければ各領域で重力と慣性力が消滅するような座標系（局所慣性系）を選ぶことができる．この意味で重力と慣性力とは局所的に同等視できるのである．

局所慣性系をつなぐことによって全時空をおおうことはできる．これは測地線座標系とよばれ，つぎつぎと最短距離をつなぐ曲線群であり，物体の運動経路を与えるものである．この座標系をとれば重力のために生じる時空のゆがみが明らかに示される．

テンソル，重力場の方程式については第 4 講以下ですでにいくらか述べたが，ここでまとめておこう．

一般相対性理論では時空の様子を記述するのに曲線座標系を用いるのが一般である．このとき座標を x，y，z，ct と書かずに x^1，x^2，x^3，x^0 と書き表す．上肩に添字をつけるのはこれらが反変ベクトルとしての変換規則にしたがうことを示している．このベクトルは変換 $(x^1, x^2, x^3, x^0) \to (x^{1'}, x^{2'}, x^{3'}, x^{0'})$ が

$$dx'^i = \sum_{r=0}^{3} \frac{\partial x^{i'}}{\partial x^r} dx^r \tag{2}$$

にしたがうものである．これを拡張した変換規則

$$A'^{ij} = \sum_{r=0}^{3} \sum_{s=0}^{3} \frac{\partial x'^i}{\partial x^r} \frac{\partial x'^j}{\partial x^s} A^{rs} \tag{3}$$

にしたがう量 A^{rs} を 2 階反変テンソルという (2 階というのは 2 つの添字 r，s をもつからである)．同様に 3 階以上のテンソルも定義される．なお変換規則

$$B'_{ij}=\sum_{r=0}^{3}\sum_{s=0}^{3}\frac{\partial x^r}{\partial x'^i}\frac{\partial x^s}{\partial x'^j}B_{rs} \tag{4}$$

にしたがう量 B_{rs} を2階共変テンソルという．反変・共変のまじったテンソルも使われることがある．

質点の運動を扱うニュートン力学の運動方程式はベクトル方程式，すなわち方程式の両辺がベクトルである．これと同等にテンソルの方程式ではその両辺が同じ種類のテンソルでなければならない．一般相対性理論の方程式の共変性はそれがテンソル方程式であることによって保証される．これが一般相対性理論でテンソルが用いられる理由である．もっとむずかしいものを使う理論も考えられるであろうが，一般相対性理論では比較的簡単な量であるテンソルを用いるという選択をしたことになる．もっとむずかしいものを使わなければならない理由は，今までのところ見出されていないようである．

なお一般相対性理論では（2），（3）などにおける和の記号 $\sum$ を省略して

$$dx'^i=\frac{\partial x'^i}{\partial x^r}dx^r, \qquad A'^{ij}=\frac{\partial x'^i}{\partial x^r}\frac{\partial x'^j}{\partial x^s}A^{rs} \tag{5}$$

などと書く．同じ式の中で同じ添字が2つあるときは，それについての和をとる約束であって，アインシュタインの略記法とよばれている．

流体力学の応力や流れの場や電磁気学の電磁場もテンソルで書かれる．一般相対性理論も重力場という場を扱うので，その基礎方程式もテンソルで書かれているのである．

記述座標系と宇宙モデル

一般相対性理論では時空は一般にゆがんでいるので時空内の2点 $(x^0,\ x^1,\ x^2,\ x^3)$ と $(x^0+dx^0,\ x^1+dx^1,\ x^2+dx^2,\ x^3+dx^3)$ の距離 ds（線素という）を（(1) に代わる式)

$$(ds)^2=g_{ij}(x)\,dx^i dx^j \tag{6}$$

で表す．ここで

$$g_{ij}(x)=g_{ij}(x^0,\ x^1,\ x^2,\ x^3) \tag{7}$$

は計量テンソルあるいは基本テンソルとよばれるテンソルである．距離 ds は座標

系の選び方によらないから，座標変換は上式の $(ds)^2$ を不変に保つものであることが要請される．

座標系 (x^0, x^1, x^2, x^3) はわれわれが宇宙を観測しデータを記述し，あるいは予測するために設定して基準とするいわば便宜的なものである．十分な観測をおこなえば，われわれは計量テンソル g_{ij} に対する知識を得ることができるであろう．

他方でわれわれは重力場の理論，すなわちアインシュタインの重力場の方程式をもっている．これは

$$R_{ij}-\frac{1}{2}g_{ij}R=-\varkappa T_{ij} \tag{8}$$

と書かれる．ここで R_{ij} は時空のゆがみ（曲率）を表すリッチ・テンソルで g_{ij} とその1階および2階の微分を含み，R はこれから導かれるスカラー曲率である．右辺の T_{ij} はエネルギー運動量テンソルで物質が時空のゆがみの源となることをこの方程式は示している．

この重力場の方程式は適当な初期条件と境界条件および物質分布の下で解かれるべき性質のものである．しかしわれわれは宇宙の果てがどうなっているかという境界条件を知らない．また初期条件にしても，アインシュタインがはじめて一般相対性理論を宇宙論に適用した1922年には宇宙は静的なものと思われていた(天界は不変という古来の思想にも合致する)．

彼がその際に考えた宇宙は次のようなものであった．大きなスケールで見れば宇宙はどこも同じ状態にあり，物質の分布は一様で等方的な流体のようなものであり，時間的にも変化しない．この仮定の下で彼は重力場の方程式（8）の解を求め，4次元空間の中で一様に曲がって閉じた球面をなす宇宙モデル（アインシュタイン宇宙）を得た．これは現在われわれがもっている宇宙に関する知識と合わないが，その後に提出された種々の宇宙モデルに先行する典型的な幾何学的モデルとして興味深いものである．

Tea Time

ユダヤ系の学者

第2次世界大戦のときに多くの人がヨーロッパから北アメリカへ逃れた．アインシュタインはドイツから，フェルミはイタリーからアメリカへ渡った．多くはナチスによるユダヤ迫害のためであった．ことに著しいのは優秀なハンガリーの数学者，物理学者の亡命であったという人もいる．量子物理学の数学的基礎づけや電子計算機の発明で有名なノイマン(J. von Neumann)やウラム(S. M. Ulam)，物理学者のウィグナー(E. Wigner)，原子力開発を進めたテラー(E. Teller)，フィクション「イルカ放送」などでも有名なシラード（L. Szilard）などがハンガリーからアメリカへ渡った．たしかに多いことは多い．

統計資料をもたないから強く主張はできないが，何かの原因で，あるいは偶然で，ハンガリーにはユダヤ系の学者が多かったのではないだろうか．ハンガリーはアジアのフン族の子孫がつくった国で，むかしから多民族国家だったのではなかろうか．そして他国の人がきても住みよい国なのが伝統かもしれない．そういう他国系の人にとって出世する１つの道は国際的に通用する仕事，すなわち学者になる道であるのかもしれないと思うのである．

私の知っている外国の学者にはユダヤ系の人やアイルランド系の人が多い．ファインマン（R. P. Feynman）もプリゴジーン（I. Prigogine）もクルスカル（M. D. Kruskal）もユダヤ系だ．ユダヤ系の人たちはたがいに助け合い，優秀な人を育てる気風があるという．クルスカルの一族の会食によばれたときもそれを強く感じた．その日はクルスカルの奥さんの母のオッペンハイマー夫人（有名な物理学者オッペンハイマー（J. R. Oppenheimer）の親族）の誕生日で，ニューヨークの中央部に夫人がフロア全体を借り切って住んでいる家へ10人ばかりの親戚の人たちが集まった．いろいろな人に紹介されたが，その中にはクルスカルの弟の学者（経済学者だったか？）という人もいた．みんなでわいわいと楽しげであった．オッペンハイマー夫人は折紙研究の大家で，アメリカ折紙協会の会長であって，そのアパートは折紙であふれていた．その仕事は今ではクルスカルの奥さんが引きついでいる．昨年国際シンポジウムが東京で開かれたとき，一緒に来日したクルスカル夫人は日本の折紙の人たちに会ったり連絡したりして忙しそうであった．

第 8 講

一様な空間

―テーマ―

- 宇宙原理
- 一様な宇宙
- 球形の宇宙
- Tea Time：ティコ・ブラーエ

宇宙原理

アインシュタインは彼の重力場の方程式を宇宙全体に適用しようと考えた．はじめ彼は時間的に変化しない宇宙，すなわち静的な宇宙が現実の宇宙としてふさわしいと思った．しかし，重力場の方程式の解で，空間的には一様だが時間的に膨張，あるいは収縮する宇宙を表すものが1922年にフリードマン(A. Friedmann)によって発見された．1929年にはハッブル(E. Hubble)によって宇宙の膨張が発見され，一般相対性理論は宇宙論という適用対象を得ることになった．

宇宙は有限の過去をもつ．われわれが光などによって知ることのできる情報は宇宙の年齢に光速度を掛けた距離の範囲にある宇宙部分である．今日以後に入ってくる情報は今まで観測したことがない領域であるが，物理学が宇宙の未来を予測しようとするものであるならば，今まで観測されていない遠方の宇宙の様子について何らかの情報をおかなければならない．そこで多くの人は宇宙がどこも同じようなものであるという一様性と等方性を仮定する．これを宇宙原理という．ミルン（E. A. Milne）がはじめて唱えた説であるということである．宇宙原理は今までに観測されたことのない遠方の宇宙にまでこれを仮定する．

しかしビッグバンによって宇宙がはじまったとしているのであるから，遠方に観測される天体はその天体のむかしの姿であって，現在よりも温度が高いわけである．このビッグバン宇宙と一様な宇宙という宇宙原理とを具体的にどのように調和させるのか，よく知らない．

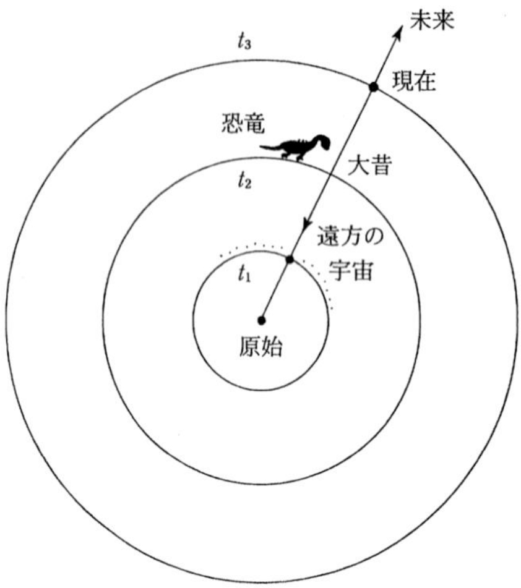

図12　宇宙の膨張
(遠方に見えるのは大昔の宇宙)

風船宇宙とビッグバンの歴史的宇宙説を合わせて考えるならば風船宇宙は時間的に積み重なって図12のようになっていることになるだろう．中央部の球は大昔(時刻 t_1)の宇宙，その外の球は少し昔 t_2 ($>t_1$)，そして一番外側の球は現在 t_3 ($>t_2>t_1$) の風船宇宙である．遠方の天体からくる光によってわれわれは宇宙についての情報を得るのであるから，たとえば9000万光年の遠方の天体をくわしく見ることができるとすると，そこには9000万年前のその天体の姿を見ることができるはずである．宇宙が大爆発ビッグバンで一勢にはじまったとすると，ほとんど無限にある星の中には地球と同じように9000万年前には恐竜が闊歩していた星も多数あったにちがいないから，望遠鏡で調べれば9000万光年のかなたの星に恐竜の世界を見ることができるわけである．このような時間的な深みのある宇宙観をしっかり頭の中に構築するのはなかなかむずかしい．

一様な宇宙

1915年に一般相対性理論を完成したアインシュタインは1922年にはこれを宇宙論に適用している．

彼は時間的に変化しない(静的な)宇宙を考えた．これは彼の好みというか，哲学に合った選択であったと思われる．同時に彼は宇宙は大局的に見れば等方的で一様であると考えた．

そのような仮定の下に，彼は重力場の方程式の１つの解 g_{jk}（基本計量 $g_{jk}=g_{jk}(x^0, x^1, x^2, x^3)$）を求めた．これを線素 ds で表現すれば

$$(ds)^2=(cdt)^2-(dl)^2 \tag{1}$$

と書ける．ここで dl は線素の空間成分であって

$$\boxed{\begin{aligned}&(dl)^2=\frac{(dx^1)^2+(dx^2)^2+(dx^3)^2}{(1+\rho^2/4)^2}\\&\rho^2=(x^1)^2+(x^2)^2+(x^3)^2\end{aligned}} \tag{2}$$

である．ρ は空間的な距離を表す．（１),（２）で定義される宇宙モデルをアインシュタイン宇宙という．

（１）は明らかに時間的に一様である．これに対して（２）は空間的に等方的であるが因子 $1/(1+\rho^2/4)^2$ のため一様とは見えない．これは一般相対性理論のわかりにくい点の１つであると思う．

原点 $x^1=x^2=x^3=0$ に立っている観測者には，原点付近の時空がユークリッド幾何学的に見えるのは当然だろう．しかし観測者が見る遠方は光などがもたらす情報によるものであり，光の伝達には時間がかかり，ちがった時空の情報が同時に観測者に到着するので空間はゆがんで見えることになる．

アインシュタイン宇宙の体積

アインシュタインの静止宇宙モデルは，時間軸の方向には定常で，空間的にはわれわれのふつうに認識する 3 次元空間が湾曲して 4 次元的に閉じた球（超球）になっている．この超球の表面がわれわれの認識する 3 次元空間であって，その体積は有限である．この 4 次元超球の半径を a とすると，宇宙の 3 次元的体積(超球の表面積）を Ω とすると

$$\Omega=2\pi^2a^3 \tag{3}$$

である．

【証明】 半径 a の円（2 次元）の面積はよく知られているように

$$S=\pi a^2 \tag{4}$$

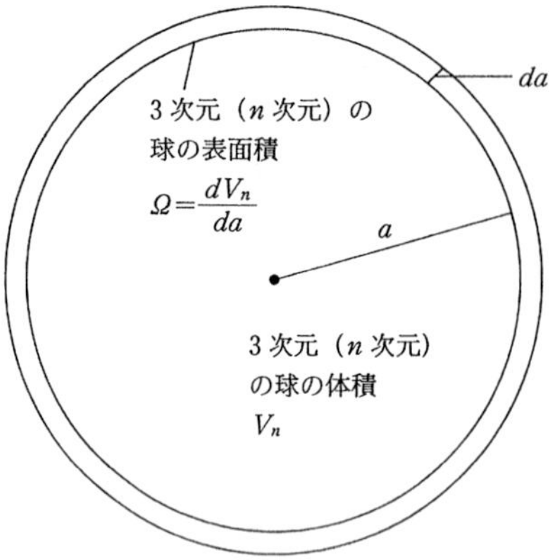

図13　半径 a の球（超球）の体積 V_n とその表面積 Ω

であり，円周（1次元）の長さは

$$l=2\pi a \qquad (5)$$

であるが，これは

$$l=\frac{dS}{da} \qquad (6)$$

と書ける(これは図13によって幾何学的に示される)．

次に半径 a の球(3次元)の体積はよく知られているように

$$V_3=\frac{4\pi}{3}a^3 \qquad (7)$$

であり，その表面積は

$$S=4\pi a^2=\frac{dV_3}{da} \qquad (8)$$

である．

このように，一般に n 次元の球の体積を V_n とすると，その表面積は dV_n/da であって閉じた $n-1$ 次元空間（超表面）を形成する（図13)．

さて，半径 a の n 次元の球 $(x_1{}^2+x_2{}^2+\cdots+x_n{}^2\leqq a^2)$ の体積 V_n は

$$V_n=\iint\cdots\int dx_1dx_2\cdots dx_n=\frac{\pi^{n/2}}{\Gamma(n/2+1)}a^n \qquad (9)$$
$$(x_1{}^2+x_2{}^2+\cdots+x_n{}^2\leqq a^2)$$

で与えられる．ここで

$$V_2=S=\frac{\pi}{\Gamma(2)}a^2=\pi a^2$$
$$V_3=\frac{\pi^{3/2}}{\Gamma(5/2)}a^3=\frac{\pi^{3/2}}{(3/2)(1/2)\Gamma(1/2)}a^3=\frac{4\pi}{3}a^3 \qquad (10)$$

そして

$$V_4=\frac{\pi^2}{\Gamma(3)}a^4=\frac{\pi^2}{2}a^4 \qquad (11)$$

したがって4次元超球の表面積（われわれの3次元空間の体積）は

$$\Omega=\frac{dV_4}{da}=2\pi^2a^3 \tag{12}$$

である． ■

このようにアインシュタイン宇宙は，体積が有限であり，空間的には曲がって閉じた時空である（時間の方向には直線的）．これは宇宙膨張の風船モデルにふさわしいものである（図 14）．空間を曲げている 4 番目の次元（風船の中心向きの方向 w）は物理的な意味をもたない．

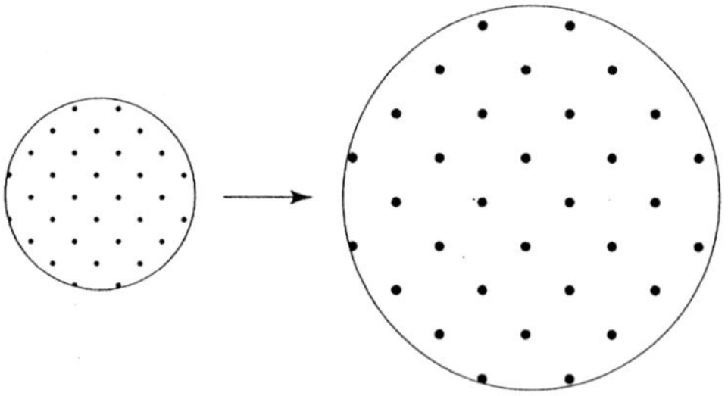

図 14　宇宙膨張の風船モデル

図 14 の風船モデルは膨張宇宙を理解する上で大変巧妙であるが，宇宙の計量 $(ds)^2$ の構造を理解するのにはあまり役立たない．これから考える計量は宇宙のあちこちへ行って測った計量ではなくて，宇宙のある時空点に立つ観測者が見た計量である．この観測者に対して宇宙の遠方から光などによって情報が送られてくるが，たとえば遠方の星から到達した光のスペクトルは長い波長の方へずれている（赤方偏移）．宇宙論の計量はそのような現象を記述することができなければならない．

宇宙論においては，おおまかにいうと宇宙はどこも同じように星雲が分布した一様な空間であるという宇宙原理を採用し，空間内の各地点における曲率は一定であると考える．しかしそれは時空の計量がどこも全く同じということにはならないのである．

Tea Time

ティコ・ブラーエ

10年ほど前のことだが，デンマークで開かれた学会のレセプションの際，即席で次のようなあいさつをした．

「デンマークは先駆的なすばらしい仕事をした物理学者を何人も輩出したことで有名である．ことにティコ・ブラーエ（Tycho Brahe），レーマー（O. L. Rømer），エールステッド（H. S. Oersted），そしてもちろんボーア（N. Bohr）教授．デンマークの本屋をのぞいてみて驚いたのはティコに関する本がたくさん売られていて，表紙の肖像画が大変目立つことである．数奇な運命をもった貴族であり，天文観測で偉大な仕事をなしとげたケプラー（J. Kepler）の師ティコは，まさにデンマークの象徴であるという認識を新たにした．

ニュートン（I. Newton）とほぼ同時代の天文学者レーマーは，木星の衛星の食の観測により，光の速度が有限であることを明らかにし，その速度をはじめて求めた．

エールステッドの業績は多岐にわたるが，電流を通じた針金が磁針に力を及ぼすことの発見もその1つである．これは電気現象と磁気現象が密接な関係をもつことをはじめて明らかにして現在の電気の時代を開いた画期的な研究であった．

そしてニールス・ボーアは量子論を用いた原子モデルをはじめて考え出し，その後の量子論の発達に指導的な役割を演じた．コペンハーゲンのボーア研究所が果たした業績ははかり知れないくらいに大きい．」

話を終えるとき，隣りにいたロシア人がとてもいい話だったとほめてくれた．

次の日のエックスカーションのときに，会の主催者だった教授の奥さんが，ティコ・ブラーエはティコ・ブラという風に発音するのだといって，発音を繰り返し練習させられた．レーマーはむしろイレマという発音らしくこれは中々むずかしかった．エールステッドも発音しにくい．デンマーク，スウェーデン，ノルウェーはだいたい共通した言語で，まとめて北欧3国とよばれる．

第 9 講

エネルギー運動量テンソル

— テーマ

- 静止宇宙モデル
- エネルギー運動量テンソル
- Tea Time：G. ガモフ

静 止 宇 宙

すでに述べたように，1922 年にアインシュタイン（A. Einstein）は一様で静的な宇宙モデルを提案した．この宇宙は不安定であり，遠方の星のスペクトルの赤方偏移などの現象を説明できないが，過渡的なモデルとしても興味深い．この時空では線素の式

$$(ds)^2=(cdt)^2-(dl)^2 \qquad (1)$$

を仮定する．ここで空間部分 dl は前に考察した定曲率の空間の線素を表す．すなわち（第 5 講（1）で空間を 3 次元 $(x^1,\ x^2,\ x^3)$ にし，x^i を ax^i と書き直す）

$$(dl)^2=a^2\frac{(dx^1)^2+(dx^2)^2+(dx^3)^2}{(1+\rho^2/4)^2}$$
$$a=\text{一定},\qquad \rho^2=(x^1)^2+(x^2)^2+(x^3)^2 \qquad (2)$$

である．これらの式では空間部分 $(dl)^2$ にマイナス符号をつけたが，この時空のリッチ・テンソルの空間部分は第 4 講 (12) で用いた $R_{\mu\nu}$ に等しい．

基本テンソルで時間成分のあるものは前講（1）により

$$g_{00}=1, \qquad g_{0\alpha}=0 \quad (\alpha=1, 2, 3) \tag{3}$$

である．そして時間軸を含むリッチ・テンソルの各項はこれらの基本テンソルの微係数 $\partial g_{00}/\partial x^\alpha$ などからなり，すべて0になるので

$$R_{00}=0, \qquad R_{0\alpha}=0 \quad (\alpha=1, 2, 3) \tag{4}$$

である．また空間成分はすでに知ったように(第5講 (17) で次元を $n=3$ とする)

$$R_{\alpha\beta}=-\frac{2}{a^2}g_{\alpha\beta} \tag{5}$$

である．

エネルギー運動量テンソル

エネルギー運動量テンソルは第6講 (12) により混合テンソル $T^i{}_k$ に対して簡単な形をもつ．これは

$$T^0{}_0=\rho c^2, \qquad T^\alpha{}_\beta=-p\delta^\alpha{}_\beta \tag{6}$$

$(\alpha, \beta=1, 2, 3)$ であり，その他の成分は0である．

$$\begin{aligned} &T_{00}=g_{00}T^0{}_0=\rho c^2 \\ &T_{\alpha\beta}=g_{\alpha\gamma}T^\gamma{}_\beta=pa^2\gamma_{\alpha\beta} \\ &\gamma_{\alpha\beta}=\frac{\delta_{\alpha\beta}}{(1+\rho^2/4)^2} \\ &T=g^{00}T_{00}+g^{\alpha\beta}T_{\alpha\beta}=\rho c^2-3p \end{aligned} \tag{7}$$

したがって

$$\begin{aligned} T_{00}-\frac{1}{2}g_{00}T&=\rho c^2-\frac{1}{2}(\rho c^2-3p)=\frac{1}{2}(\rho c^2+3p) \\ T_{\alpha\beta}-\frac{1}{2}g_{\alpha\beta}T&=pa^2\gamma_{\alpha\beta}+\frac{1}{2}a^2\gamma_{\alpha\beta}(\rho c^2-3p) \\ &=\frac{1}{2}a^2\gamma_{\alpha\beta}(\rho c^2-p) \end{aligned} \tag{8}$$

となる．

これらの式と静的宇宙を仮定した一定曲率の式とを重力場の方程式

$$R_{ik}=-\varkappa\left(T_{ik}-\frac{1}{2}g_{ik}T\right) \tag{9}$$

に代入すれば，$i=k=0$ と $i=k=\alpha$ の式から

$$0=-\frac{\varkappa}{2}(\rho c^2+3p), \qquad \frac{2}{a^2}=\frac{1}{2}(\rho c^2-p) \tag{10}$$

を得る．これを p と a について解くと

$$\text{圧力}\quad p=-\frac{1}{3}\rho c^2, \qquad \text{宇宙の大きさ}\quad a=\sqrt{\frac{3}{\varkappa\rho c^2}} \tag{11}$$

を得る（$\varkappa=8\pi G/c^4$）．(10) の第 2 の式はよいが，第 1 の式は圧力が負になって都合が悪い．これは外側へ引っぱる力がないと静的な宇宙を保持できないことを意味する．宇宙はすべての部分が引き合う力によって縮んでしまうので不安定なのである．これはニュートン力学的な宇宙モデルでも生じた困難であった．

そこで静的な宇宙を保持するためアインシュタインは宇宙項（ふつう λ あるいは Λ で表す）を導入して重力場の方程式を

$$R_{ik}-\frac{1}{2}g_{ik}R+\lambda g_{ik}=-\varkappa T_{ik} \tag{12}$$

としてみた．こうしてもテンソル方程式で差支えないし，静的な宇宙が実現しうる．しかし論理的簡明さを減じるものである．

Tea Time

G. ガモフ

アインシュタイン（A. Einstein）がはじめに考えた宇宙モデルは膨張も収縮もしない静止（定常）宇宙であった．宇宙は大昔から変わらないことが証明されれば，宇宙の行く末を心配する必要もなくなるから，その方が安心感が得られるだろうし，科学的にも問題の 1 つが解決したことになるだろう．

しかしアインシュタインは彼の創り出した重力方程式を宇宙論に応用しようとして，この重力方程式にしたがう宇宙が定常的でありえないことを発見してしまった．そこで彼は重力方程式に宇宙項とよばれる項をつけ加えて宇宙を定常に保とうとした．このときフリードマン（A. Friedmann）が宇宙項のない重力方程式を解いて，膨張する宇宙がありうることを証明した．アインシュタインもこの説

に賛成し，宇宙項をとり下げたが，宇宙項があったとしても膨張宇宙は可能であるし，宇宙項の存在を支持する現象があって問題はまだ決着していないらしい．

さて，ソ連からアメリカへ亡命したガモフ（G. Gamow，1904-1968）という学者がいた．彼は原子核物理学の理論を宇宙論に応用することを考え，ビッグバン説を唱え出したのである（1940年）．この説の出発点になったのはハッブル（E. P. Hubble）による宇宙膨張の発見であった．ガモフはビッグバンによって多くの元素が合成された（ガモフが考えたほど単純ではなかった）と考えてその存在比を計算したりした．また宇宙創造の大爆発の影響が残っているにちがいないと考えて，その残光が絶対温度約7度の電磁放射として今でも残っているはずだと計算した．これは1965年に発見された宇宙背景放射で，その温度は約3度であった．

ガモフは相対性理論や量子力学の話を書いた『不思議の国のトムキンス』などの著者としても有名である．

第 10 講

膨張宇宙モデル

―テーマ―

- ◆ 動的な宇宙
- ◆ フリードマン宇宙
- ◆ フリードマンの式
- ◆ Tea Time：ダークマター

フリードマン宇宙

アインシュタイン（A. Einstein）は静的な宇宙を望ましいと考え，宇宙項の導入にこだわったが，満足する結果を得られなかった．しかし 1922 年になってフリードマン（A. Friedmann）が膨張する宇宙モデルを提唱してこのジレンマは解消された．アインシュタインもすぐにこの考え方に賛成し，宇宙項を棄て去った(最近宇宙項の存在が再び議論されているが，宇宙についてわれわれの知識はまだまだ不十分である)．

フリードマンが調べた線素の式はアインシュタイン宇宙に似た式であるが，宇宙の大きさ a が時間の関数であるとする．すなわち

$$\boxed{\begin{aligned} &(ds)^2=(cdt)^2-(dl)^2, && (dl)^2=g_{\alpha\beta}dx^\alpha dx^\beta \\ &g_{\alpha\beta}=\frac{a^2}{(1+k\rho^2/4)^2}\delta_{\alpha\beta}=a^2\gamma_{\alpha\beta}, && \rho^2=(x^1)^2+(x^2)^2+(x^3)^2 \end{aligned}} \qquad (1)$$

とする．ただし $a(t)$ は空間座標によらず，時間 t だけの関数とする．$k=1$ は閉

じた宇宙，$k=0$ は平らな宇宙，$k=-1$ は開いた宇宙のモデルである．

宇宙の大きさ $a(t)$ の時間変化は重力場の方程式で求められる．この方程式ではまず時空の曲率リッチ・テンソルを上の線素で与えられている基本テンソルから計算する必要がある．

時間 t が関係するリッチ・テンソルの成分は別に計算しなくてはならない．そのためまず3指記号（第4講(11)）を求める．これは

$$\begin{Bmatrix} k \\ ij \end{Bmatrix}=\frac{1}{2}g^{kl}\left(\frac{\partial g_{lj}}{\partial x^i}+\frac{\partial g_{li}}{\partial x^j}-\frac{\partial g_{ij}}{\partial x^k}\right) \tag{2}$$

である．前講の規則により，空間成分には添字 α，β，γ を使うことにする．まず上式の l についての和を分けて書くと

$$\begin{aligned}\begin{Bmatrix} 0 \\ \alpha\beta \end{Bmatrix}&=\frac{1}{2}g^{00}\left(\frac{\partial g_{\alpha 0}}{\partial x^\beta}+\frac{\partial g_{\beta 0}}{\partial x^\alpha}-\frac{\partial g_{\alpha\beta}}{\partial x^0}\right)\\&\quad+\frac{1}{2}g^{01}\left(\frac{\partial g_{\alpha 1}}{\partial x^\beta}+\frac{\partial g_{\beta 1}}{\partial x^\alpha}-\frac{\partial g_{\alpha\beta}}{\partial x^1}\right)+\frac{1}{2}g^{02}(\cdots)+\frac{1}{2}g^{03}(\cdots)\end{aligned} \tag{3}$$

であるが $g^{00}=1$，$g^{01}=g^{02}=g^{03}=0$，$g_{01}=g_{02}=g_{03}=0$ であり，$x^0=ct$ であるから多くの項は消えて

$$\begin{aligned}\begin{Bmatrix} 0 \\ \alpha\beta \end{Bmatrix}&=-\frac{1}{2}\frac{\partial g_{\alpha\beta}}{\partial(ct)}=\frac{1}{2c}\frac{\partial}{\partial t}(a^2\gamma_{\alpha\beta})\\&=\frac{a\dot{a}}{c}\gamma_{\alpha\beta}\qquad\left(\dot{a}=\frac{da}{dt}\right)\end{aligned} \tag{4}$$

同様の計算により

$$\begin{Bmatrix} \alpha \\ 00 \end{Bmatrix}=\begin{Bmatrix} 0 \\ 0\alpha \end{Bmatrix}=\begin{Bmatrix} 0 \\ 00 \end{Bmatrix}=0,\qquad \begin{Bmatrix} \alpha \\ 0\beta \end{Bmatrix}=\frac{\dot{a}}{ca}\delta^\alpha{}_\beta \tag{5}$$

を得る．

次に時間方向の曲率を表すリッチ・テンソル

$$R_{ik}=\frac{\partial}{\partial x^k}\begin{Bmatrix} j \\ ij \end{Bmatrix}-\frac{\partial}{\partial x^j}\begin{Bmatrix} j \\ ik \end{Bmatrix}+\begin{Bmatrix} l \\ ij \end{Bmatrix}\begin{Bmatrix} j \\ kl \end{Bmatrix}-\begin{Bmatrix} j \\ ik \end{Bmatrix}\begin{Bmatrix} l \\ jl \end{Bmatrix} \tag{6}$$

を計算する．まず

$$R_{00}=\frac{\partial}{\partial x^0}\begin{Bmatrix} j \\ 0j \end{Bmatrix}-\frac{\partial}{\partial x^j}\begin{Bmatrix} j \\ 00 \end{Bmatrix}+\begin{Bmatrix} l \\ 0j \end{Bmatrix}\begin{Bmatrix} j \\ 0l \end{Bmatrix}-\begin{Bmatrix} j \\ 00 \end{Bmatrix}\begin{Bmatrix} l \\ jl \end{Bmatrix} \tag{7}$$

の第1項において

$$\left\{ {0 \atop 00} \right\} = 0, \qquad \left\{ {\alpha \atop 0\alpha} \right\} = \frac{\dot{a}}{ca} \quad (\alpha = 1, 2, 3) \tag{8}$$

であり，第2項は $\left\{ {j \atop 00} \right\} = 0$，第3項では

$$\left\{ {l \atop 0j} \right\} = \frac{\dot{a}}{ca} \delta^l{}_j, \qquad \left\{ {j \atop 0l} \right\} = \frac{\dot{a}}{ca} \delta^j{}_l \tag{9}$$

そして第4項では $\left\{ {j \atop 00} \right\} = 0$．したがって

$$\begin{aligned} R_{00} &= \frac{1}{c} \frac{\partial}{\partial t} \left(\frac{\dot{a}}{ca} \right) \delta^\alpha{}_\alpha + \left(\frac{\dot{a}}{ca} \right)^2 \delta^l{}_j \delta^j{}_l \\ &= \frac{3}{c^2} \frac{\ddot{a}}{a} \end{aligned} \tag{10}$$

さらに空間座標を α，$\beta = 1, 2, 3$ とすると

$$\begin{aligned} R_{\alpha\beta} &= \frac{\partial}{\partial x^\beta} \left\{ {\lambda \atop \alpha\lambda} \right\} - \frac{\partial}{\partial x^\lambda} \left\{ {\lambda \atop \alpha\beta} \right\} + \left\{ {\mu \atop \alpha\lambda} \right\} \left\{ {\lambda \atop \mu\beta} \right\} - \left\{ {\mu \atop \alpha\beta} \right\} \left\{ {\lambda \atop \mu\lambda} \right\} \\ &= \frac{\partial}{\partial x^\beta} \left\{ {0 \atop \alpha 0} \right\} - \frac{\partial}{\partial x^0} \left\{ {0 \atop \alpha\beta} \right\} + \left\{ {0 \atop \alpha\lambda} \right\} \left\{ {\lambda \atop 0\beta} \right\} + \left\{ {\alpha \atop \alpha 0} \right\} \left\{ {0 \atop \alpha\beta} \right\} \\ &\qquad - \left\{ {0 \atop \alpha\beta} \right\} \left\{ {\lambda \atop 0\lambda} \right\} - \left\{ {\mu \atop \alpha\beta} \right\} \left\{ {0 \atop \mu 0} \right\} + (\text{空間部分だけの } R_{\alpha\beta}) \\ &= -\frac{\partial}{\partial x^0} \left\{ {0 \atop \alpha\beta} \right\} + \left\{ {0 \atop \alpha\lambda} \right\} \left\{ {\lambda \atop 0\beta} \right\} + \left\{ {\alpha \atop \alpha 0} \right\} \left\{ {0 \atop \alpha\beta} \right\} - \left\{ {0 \atop \alpha\beta} \right\} \left\{ {\lambda \atop 0\lambda} \right\} \\ &\qquad + (\text{空間部分だけの } R_{\alpha\beta}) \\ &= -\frac{\partial}{\partial (ct)} \left(\frac{a\dot{a}}{c} \gamma_{\alpha\beta} \right) + \frac{a\dot{a}}{c} \gamma_{\alpha\lambda} \frac{\dot{a}}{ca} \delta^\lambda{}_\beta + \frac{\dot{a}}{ca} \delta^\alpha{}_\alpha \frac{a\dot{a}}{c} \gamma_{\alpha\beta} \\ &\qquad - \frac{a\dot{a}}{c} \gamma_{\alpha\beta} \frac{\dot{a}}{ca} \delta^\lambda{}_\lambda + (\text{空間部分だけの } R_{\alpha\beta}) \\ &= -\gamma_{\alpha\beta} \left(\frac{a\ddot{a}}{c^2} + 2 \frac{\dot{a}^2}{c^2} \right) + (\text{空間部分だけの } R_{\alpha\beta}) \end{aligned} \tag{11}$$

ここで $\lambda = 1, 2, 3$，$\ddot{a} = d^2 a / dt^2$ である．

リッチ・テンソルの空間部分は前講で計算していて

$$(\text{空間部分だけの } R_{\alpha\beta}) = -2k\gamma_{\alpha\beta} \tag{12}$$

である．

そこでまとめて書くと

$$R_{00}=\frac{3\ddot{a}(t)}{c^2a(t)}$$
$$R_{\alpha\beta}=-\gamma_{\alpha\beta}\left(\frac{a\ddot{a}}{c^2}+2\frac{\dot{a}^2}{c^2}+2k\right) \tag{13}$$

となる．

なお（1）により $g^{00}=1$，$g^{\alpha\beta}=-(1/a^2\gamma_{\alpha\beta})\delta_\alpha{}^\beta$ であるからスカラー曲率は

$$R=g^{00}R_{00}+g^{\alpha\beta}R_{\alpha\beta}$$
$$=\frac{6}{a^2}\left(\frac{a\ddot{a}}{c^2}+\frac{\dot{a}^2}{c^2}+2k\right) \tag{14}$$

となる．(13)，(14) は空間的な場所によらない．

フリードマンの式

エネルギー運動量テンソルとしては完全流体のものを採用する．これはすでに第9講（7）と（8）で計算していて，

$$T_{00}-\frac{1}{2}g_{00}T=\frac{1}{2}(\rho c^2+3p)$$
$$T_{\alpha\beta}-\frac{1}{2}g_{\alpha\beta}T=\frac{1}{2}a^2\gamma_{\alpha\beta}(\rho c^2-p) \tag{15}$$

である（ただし第9講とちがってここでは a は時間の関数である）．

重力場の方程式

$$R_{ik}=-\varkappa\left(T_{ik}-\frac{1}{2}g_{ik}T\right) \tag{16}$$

の (0,0) 成分はしたがって

$$3\frac{\ddot{a}}{a}=-\frac{\varkappa}{2}(\rho c^2+3p) \tag{17}$$

となり，(1,1)，(2,2)，(3,3) 成分は共に

$$\frac{a\ddot{a}}{c^2}+\frac{2\dot{a}^2}{c^2}+2k=\frac{\varkappa}{2}a^2(\rho c^2-p) \tag{18}$$

を与える．これら3成分が同じ式を与えるのは，これらが空間の3方向 (x^1，x^2，

x^3) に関するものであり，空間の等方性によって等しいのは当然なのである．

(17)，(18) から $\ddot{a}$ を消去すると（p も同時に消去されて）

$$\dot{a}^2+kc^2=\frac{\varkappa}{3}a^2\rho c^4 \tag{19}$$

すなわち（$\varkappa=8\pi G/c^4$）

$$\boxed{\dot{a}^2-\frac{8\pi G}{3}\rho a^2=-kc^2} \tag{20}$$

となる．これをフリードマン方程式という．

(19) を t で微分して (17) とから $\ddot{a}$ を消去して少し変形すると

$$\boxed{\frac{d(\rho c^2 a^3)}{dt}+p\frac{da^3}{dt}=0} \tag{21}$$

となる．この式は半径 a の宇宙が圧力 p の下で膨張するときのエネルギー増加(第1項) が圧力に対する仕事 (第 2 項) に等しいことを表すエネルギー保存の式である(実は上のような面倒な計算をしなくても，この式はエネルギー保存の式 $\partial T^{\mu\nu}/\partial\nu=0$ から直接導くことができる)．

フリードマンの方程式 (20) とエネルギーの式 (21) に加えて完全流体の状態方程式

$$p=f(\rho) \tag{22}$$

の 3 式を連立させれば未知量 a，p，ρ がすべて t の関数として求められることになり，宇宙スケール a の時間変化 $a(t)$ が決められることになる．

宇宙の運命

実際に現在の宇宙では物質エネルギー ρc^2 に比べて圧力 p は十分小さい．そこで (19) において $p=0$ とおくと

$$\frac{4\pi a^3}{3}\rho=M=\text{一定} \tag{23}$$

を得る(ここで M は半径 a の球の中の質量である)．そしてこれを (20) に入れると

$$\frac{1}{2}\dot{a}^2 - \frac{GM}{a} = -\frac{kc^2}{2} \tag{24}$$

となる．ここで a は宇宙の大きさを表すスケールファクターである．

(24) をよく見ると，これは1次元の力学系におけるエネルギー保存の式と同じであって，積分できることがわかる．すなわち，(24) の左辺第1項は運動エネルギー $\dot{x}^2/2$ に，第2項はポテンシャルエネルギー $V(x)$ に，そして右辺は常数で全エネルギー E に対応し

$$\frac{1}{2}\dot{x}^2 + V(x) = E \tag{25}$$

の形をしていて，図15のように図式的に解を想像することができる．これからわかるように，はじめ $t=0$ で $a=0$ とすると

（i）　$k>0$ ならば，宇宙の大きさ a ははじめ増加し，極大値を経てから減少し，$t\to\infty$ で $a\to 0$ となる（膨張後に収縮する宇宙）．

（ii）　$k=0$ ならば，宇宙の大きさ a は増大する．この場合は特に (24) は

$$\dot{a} = \sqrt{\frac{2GM}{a}} \tag{26}$$

となるから，これを積分すれば $t=0$ で $a=0$ として

$$a = \left(\frac{3}{2}\sqrt{2GM}\right)^{2/3} t^{2/3} \tag{27}$$

を得る．したがって $t\to\infty$ で $a\to 0$，$\dot{a}\to 0$ である．すなわちこの場合，宇宙は無限に増大するが，膨張速度は次第に0（$\dot{a}\to 0$）になる．

（iii）　$k<0$ ならば，宇宙の大きさ a は時間と共に限りなく大きくなる．$t\to\infty$ で膨張速度は一定（$\dot{a}\to$ 一定）になる（膨張宇宙）．

限 界 密 度

前節でわかったように，$k>0$ ならば宇宙はいずれ収縮し，$k\leqq 0$ ならば宇宙は限りなく膨張する．そして膨張を続けるか，それとも現在は膨張していてもいずれは収縮するかの境界は $k=0$ の場合である．この限界の場合（$(\dot{a}/a)_c$ と書こう）には (26) と (23) により

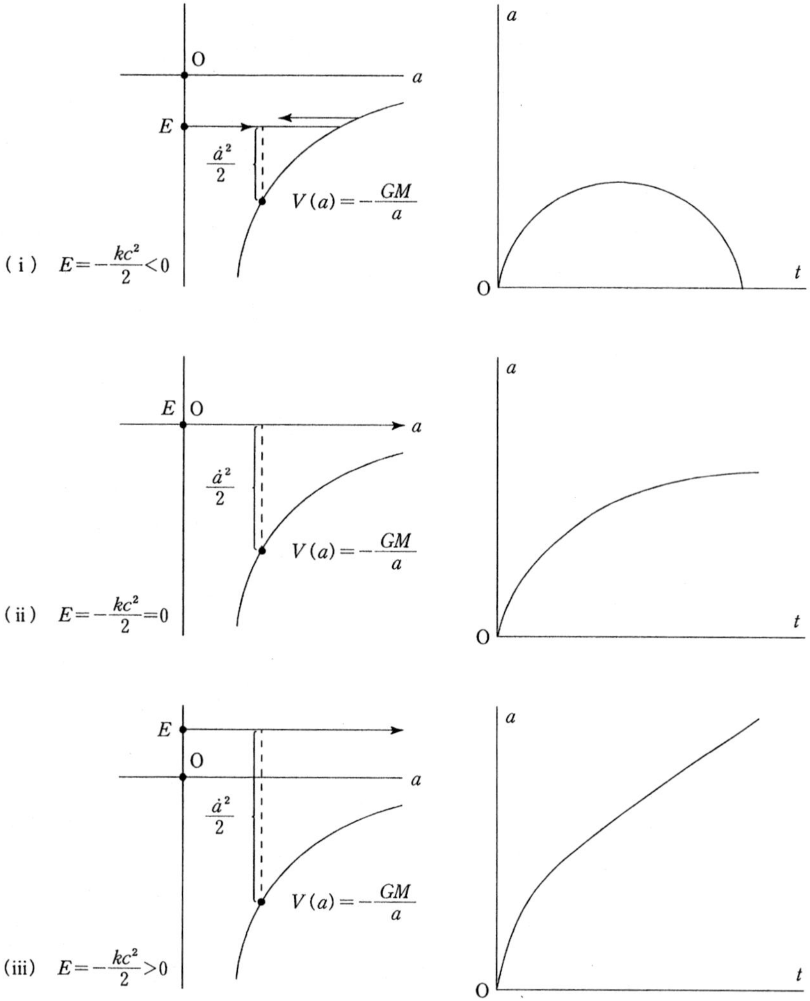

図 15　宇宙の膨張・収縮
(a=スケールファクター)

$$\left(\frac{\dot{a}}{a}\right)_{\mathrm{c}}=\left(\frac{\sqrt{2GM}}{a^{3/2}}\right)_{\mathrm{c}}=\sqrt{\frac{8\pi}{3}G\rho} \qquad (k=0) \tag{28}$$

が成立する．

さてわれわれからある銀河までの距離を l，ハッブルの定数（次講参照）を H とすると，銀河の後退速度 $v=\dot{l}$ は

$$\dot{l}=Hl \tag{29}$$

の関係がある．他方で距離 l は宇宙のスケールファクター $a(t)$ に比例するから

$$l\propto a(t) \qquad \therefore \quad \frac{\dot{l}}{l}=\frac{\dot{a}}{a} \tag{30}$$

である．したがって

$$H=\frac{\dot{a}}{a} \tag{31}$$

である．膨張宇宙と収縮宇宙の分かれ目のときの宇宙の物質密度（限界密度）を ρ_{c}，これに対するハッブル定数を H とすると (28) により

$$\rho_{\mathrm{c}}=\frac{3H^2}{8\pi G} \tag{32}$$

の関係がある．

いいかえると，現在のハッブル定数が H であるとするとき，宇宙の密度が上の限界密度 ρ_{c} よりも大きければ，すなわち

$$\rho>\rho_{\mathrm{c}} \tag{33}$$

ならば現在の宇宙は膨張状態にあってもいずれは収縮に転じる．そして，もしも現在

$$\rho\leqq\rho_{\mathrm{c}} \tag{34}$$

ならば宇宙は際限なく膨張を続けることになる．

現在のハッブル定数の値として

$$H=15(\mathrm{km/s}\cdot 100\text{ 万光年}) \tag{35}$$

を採用すると限界密度 (32) は

$$\rho_{\mathrm{c}}=5\times10^{-30}(\mathrm{g/cm^3}) \tag{36}$$

となる．

現在の宇宙の物質密度は

$$\rho \sim 10^{-31}(\mathrm{g/cm^3}) \tag{37}$$

とされている．これをそのまま受けとれば，われわれの宇宙の膨張は永遠に続くことになる．しかしもしかすると宇宙には現在知られているよりももっと多くの物質があるかもしれない．そのため本当は将来宇宙の膨張はいつか収縮に転じる可能性がある．

Tea Time

ダークマター

ロバート・ルービン（Robert Rubin）さんと知り合ったのは 1968 年であったらしい．この年に京都で統計力学の国際会議があって，ルービンもアメリカからきた．北海道大学にいた堀淳一さんの発案で，ルービン，イギリスのディーン（P. Dean）と六甲山に登った．雨が降る山頂で雨宿りしたりしたけれどもいい思い出になった．それからのつきあいだから，もう 34 年になるわけだ．それ以後，ルービンは少なくとも二三度は日本へきて，奥さんも何度か来日している．お 2 人で西穂高岳へ登ったこともある．私もその間にアメリカへ何度か行った．あるときはキット・ピークというところの天文台へ一緒に行くスケジュールを組んでくれたが，私の病気でだめになった．そのときはワシントン D. C. のルービンの家にとめてもらう予定になっていて，そのために自分で家の出窓を修理したという話だったので大変残念だった．

ワシントン D. C. のルービンの家は白いペンキ塗（自分で塗るという）のこぢんまりした 2 階建てだった．家中に子供さんなどの写真の小さな顔がいたるところにかけてあった．奥さんと毎朝ジョギングをするという公園のような道を少し行ってルービンの友人で初等幾何が趣味という人のところへ一緒に行き，フレキシブルな 12 面体のつくり方を教わった（これは日本へ帰ってから自分でつくってみた．今は書斎の天井から吊り下げてある）．

ルービンはビューロー・オブ・スタンダード（ワシントン D. C.）に勤め，数理物理的な仕事をしている．定年をすぎたが今でも勤めているという話だ．奥さんは近くのカーネギー研究所で天文学の仕事をしている．ルービンがワシントン D. C. にずっといるのは奥さんの勤めのためが多分にあるようだ．

最近手にした本（ゴールドスミス『宇宙を見つめる人たち』青木薫訳，新潮文庫）は奥さんのヴェラ・ルービンの話がでている．彼女はジョージタウン大学の博士コースで天文学を学びガモフ（G. Gamow）の指導を受けた．長年にわたって彼女が調べたのは銀河系やほかの銀河の星たちの運動である．星は銀河の中心に近いところにある他の星の重力を受けて回っているから，その速さの測定から銀河の中の物質の分布がわかる．これを調べて彼女が発見したことは銀河は星以外の目に見えない物質（光を出さず電波も出さないらしい物質）を今まで推定されている物質量の10倍以上も含んでいるにちがいないということである．この見えない物質はダークマター（暗黒物質）とよばれている．ヴェラ・ルービンは宇宙を構成する物質の大部分が目に見えなくて，その性質が今でもわかっていないが莫大な質量をもっているダークマターであることを明らかにしたのである．ダークマターはニュートリノではなかろうかという説がある．宇宙には莫大な数のニュートリノが存在する．そしてニュートリノは小さな質量をもっているらしい．しかしダークマターがニュートリノであるという説には強固な反対もあるようである．

ダークマターを考えに入れると，宇宙はそれがもっている質量のためにいずれは収縮過程に入らざるを得ないことになるだろう（これを防ぐ宇宙項がなければの話）．

宇宙が収縮してつぶれてしまうことは，ビッグバンの反対で，ビッグクランチとよばれている．これは正反対ではない．ビッグバンは若々しい宇宙の創成だが，ビッグクランチの過程に入るのは年とって，くたびれて皺だらけになった宇宙だろうという人もある．

ルービン夫妻は毎年天文学か物理学にちなんだクリスマスカードを送ってきてくれる．今年はどんなメッセージがあるか，今から楽しみである．

第 11 講

ハッブルの法則

—テーマ

- ◆ 宇宙観の歴史
- ◆ ハッブルの法則
- ◆ 赤方偏移
- ◆ Tea Time：星の一生

宇宙観の歴史

アリストテレスからコペルニクスまで，太陽系のはるか彼方には恒星をちりばめた天があり，その外には何も存在しないという閉じた有限宇宙が信じられてきた．神が支配する唯一つの宇宙という宇宙観である．このような時代に無限で一様な宇宙を主張し，宇宙の中に太陽系と同じような世界はいくらでもあると唱えたジョルダノ・ブルーノ（Giordano Bruno）は，キリスト教に背くものとして火刑に処せられた．

デカルト（R. Descartes）も宇宙は無限であると考えた．彼は宇宙空間がエーテルのような媒質で満たされて，天体はその媒質の運動につれて運ばれるとした．これは近接作用の考えであり，現代の場の概念に通じるところがある．

ニュートン（I. Newton）は，空虚な絶対空間と一様に流れる時間の枠の中で惑星などが運動し，惑星間には空間を隔てて遠達力の万有引力がはたらくと考えた．そして宇宙は無限に広がっていると思っていたようである．彼は空間・時間・物体・力と事物を分けて還元的な科学をたてたのであるが，そのはじまりは天体力学であった．

19 世紀になっても，宇宙は無限に広がっていると信じている人はいたであろう．しかしドイツの医師でアマチュア天文学者であったオルバース(H. W. M. Olbers)は，もしも宇宙が無限で，光を出す星が無限に広く存在しているとすると，宇宙のどこでもいつでも無限に明るくなければならないが，しかし現実の夜空は暗い，というパラドックス（オルバースのパラドックス）を提起した（1826 年）．

それから約 100 年たった 1929 年にハッブルの法則が発見されて，オルバースのパラドックスはようやく解決されたのであった．ハッブル（E. P. Hubble，1889-1953）は宇宙が膨張していて，遠い星ほどわれわれから大きな速度で遠ざかっていくことを示したのである．これは 20 世紀最大の発見とよばれている．

ハッブルの法則

太陽の光を調べることによって太陽表面にある元素が知られるようになったのは 19 世紀半ばのことである．高温に熱せられた物質はその元素に特有な光を出す．原子の出す光を分光器で分けると原子が出す光は波長のちがうはっきりした光線(スペクトル)からなっているので，スペクトルを調べることによって原子の種類が固定できるのである（原子が光を吸収する吸収スペクトルでも元素が同定できる）．

太陽表面のガスにある水素も地球上の水素も同じスペクトルの光を出す．ところが，遠くにあると思われる星の光を調べてみると，原子が出したり，吸収したりするスペクトルがすべて波長の長い方へずれていることを発見し，これが光のドップラー効果によるものであることをはじめて唱えたのはイギリスのハッギンスという人であった(1868 年)．ドップラー効果というのは，遠ざかっていく汽笛の音が低くきこえ，近づいてくる汽笛は高くきこえる効果であって，光についても同様な効果がおこるのである．野球の球のスピードや自動車の速さなどの速度を測定するスピードガンはこの原理を応用している．

アメリカのハッブルはロサンゼルス郊外のウィルソン山の 2.5 m 反射望遠鏡を使って精力的に多数の恒星の速度を調べ，遠くの星はわれわれからの距離に比例する速度でわれわれから遠ざかっていくことをスペクトルの赤方偏移（波長が長い方へずれること）から明らかにした（ハッブルの法則，1929年）．

星がわれわれから遠ざかる速度（後退速度）はドップラー効果によって比較的容易に知ることができる．むずかしいのはその星までの距離を知ることである．距離を知る方法についてはくわしいことは省略するが，ある種類の変光星（明るさが周期的に変わる星）の変光周期とその星が出す光の明るさとの関係がわかっていることを利用する（周期が同じでも暗く見える星は遠くにあることになる）．

星の後退速度 v はわれわれからの距離 r にほぼ比例する．このハッブルの法則を

$$v = Hr \tag{1}$$

と書いたとき，比例定数 H をハッブル定数という．主に距離を知ることがむずかしいので，ハッブル定数は今でも確定されていないが，現在の値はおよそ

$$H = 15\,(\mathrm{km/秒})/100\,万(光年) \tag{2}$$

とされている．われわれから100万光年遠くの星は毎秒15 kmの速さで遠ざかっていて1億光年遠くの星はその100倍だから毎秒1500 kmの速さで遠ざかっていることになる．いまでは約130億光年の遠くのクェーサーという種類の星も観測されていて，その後退速度は毎秒27万5000 kmということになる．これは光の速度の90％を超える速さであり，ドップラー効果により光の波長はもとの波長の約5倍に伸びる．

光の波長が5倍に引き伸ばされるということは，光のエネルギーが1/5にうすめられ弱められることである．もしも光速度で後退する星があったとしたら，その光は全くわれわれにとどいてこない．それよりも速く後退する星はわれわれには全く見えないわけである．これが宇宙の地平である．宇宙が無限であろうとなかろうと，これより遠くからの光はこないのである．これによってオルバースのパラドックスは解消する．どんなに強大な望遠鏡を作っても，われわれを照らしてくれる星が観測できる宇宙は，宇宙の地平

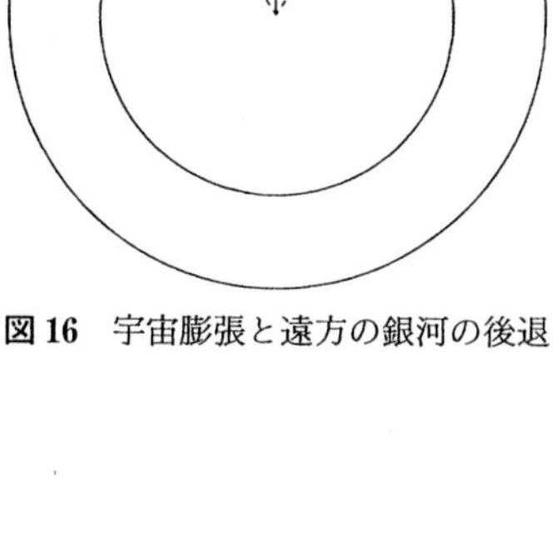

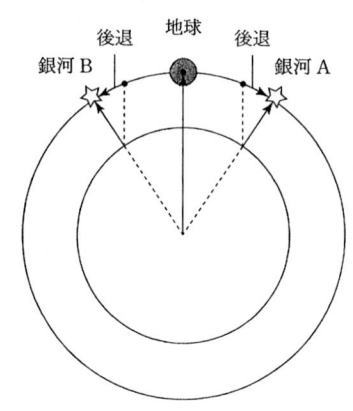

図16　宇宙膨張と遠方の銀河の後退

までの限りある宇宙である．

われわれが見ている宇宙は3次元空間である．これが一様に膨張していく様子を想像するのはむずかしい．そこで次元を1つ落として2次元の球面と考えると膨張は理解しやすいだろう（図16）．

宇宙膨張による赤方偏移

宇宙がいたるところ一様に膨張すると仮定すると遠方の星の光の波長がドップラー効果で長くなるということで赤方偏移はわかりやすくなるが，そう考えると大変遠くの星の速度は光速度を超えることになって，運動の速度は光速度を超えないという特殊相対性理論の結果と矛盾してしまう．宇宙膨張による赤方偏移を説明するのに音波のドップラー効果を用いるのは本当は正しくないのである．光源の運動によって波長が変化するのは，本当は運動によって時計の刻みが変わるためなのである．

これを説明するため，膨張宇宙の計量を調べよう．これは

$$(ds)^2 = c^2(dt)^2 - (dl)^2 \qquad (3)$$

ただし

$$(dl)^2 = a(t)^2 \frac{(dr)^2}{(1+kr^2/4)^2} \qquad (4)$$

と書ける．ただしここで $(dr)^2 = d\xi^2 + d\eta^2 + d\zeta^2$ であり，(t, ξ, η, ζ) は時空に張った座標系である．また $a(t)$ は宇宙の膨張を表すスケール因子であって，t と共に増大するものとする．しばしば述べたように $k=1$ としてもよい．

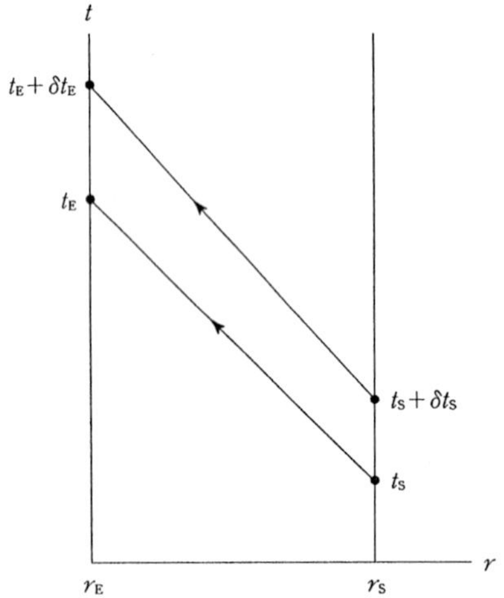

図 17　赤方偏移

Sを星，Eを地球とする．その間の距離 l は（4）から

$$l = a(t)\int_{r_E}^{r_S}\frac{dr}{1+kr^2/4} \qquad (r_E < r_S) \tag{5}$$

であり，星の後退速度 v は

$$v = \frac{dl}{dt} = \frac{da}{dt}\int_{r_E}^{r_S}\frac{dr}{1+kr^2/4} = \frac{1}{a}\frac{da}{dt}l \tag{6}$$

となる．

図 17 のように星の原子が時刻 t_S に出した光のパルスを地球 E にいる観測者が時刻 t_E に受けとったとしよう．光路（r と t の関係）は

$$ds = 0 \quad すなわち \quad cdt = \frac{a(t)\,dr}{1+kr^2/4} \tag{7}$$

（(3)，(4) 参照）で与えられるから

$$\frac{1}{c}\int_{r_E}^{r_S}\frac{dr}{1+kr^2/4} = \int_{t_S}^{t_E}\frac{dt}{a(t)} \qquad (t_S < t_E) \tag{8}$$

次に星の原子の 1 振動がすぎて $t_S + \delta t_S$ に出した次の光パルスが地球に $t_E + \delta t_E$ の時刻に到達したとし，その間に星の座標 r_S と地球の座標 r_E が変わらないとすると

$$\frac{1}{c}\int_{r_E}^{r_S}\frac{dr}{1+kr^2/4} = \int_{t_S+\delta t_S}^{t_E+\delta t_E}\frac{dt}{a(t)}$$

$$= \int_{t_S}^{t_E}\frac{dt}{a(t)} + \frac{\delta t_E}{a(t_E)} - \frac{\delta t_S}{a(t_S)} \tag{9}$$

となる．ただし δt_E，δt_S は小さな量とした．そこで (9) と (8) の差をとると

$$\frac{\delta t_E}{\delta t_S} = \frac{a(t_E)}{a(t_S)} \tag{10}$$

ここで δt_E，δt_S は光の振動の 1 周期であるから，それぞれ光の波長 λ_E，λ_S に比例する．$t_S < t_E$ であり，宇宙の大きさは $a(t_S) < a(t_E)$ であるから

$$\frac{\lambda_E - \lambda_S}{\lambda_S} = \frac{a(t_E)}{a(t_S)} - 1 > 0 \tag{11}$$

すなわち星が出す光の波長 λ_S に比べて地球の観測者が受けとる光の波長は長くなる．これが宇宙の膨張による光の赤方偏移である．

なおハッブル定数 H は

$$v = Hl \tag{12}$$

によって定義されるから，(6) と比べれば

$$H=\frac{1}{a(t)}\frac{da(t)}{dt} \tag{13}$$

(前講 (29)) を得る.

赤方偏移が小さいとすると (5) と (8) から

$$\frac{l}{ca(t)}=\int_{t_S}^{t_E}\frac{dt}{a(t)}\cong\frac{t_E-t_S}{a(t)} \tag{14}$$

すなわち

$$t_E-t_S\cong\frac{l}{c} \tag{15}$$

他方で (11) を書きかえれば (11), (12), (15) により

$$\begin{aligned}\frac{\lambda_E-\lambda_S}{\lambda_S}&=\frac{1}{a}\frac{da}{dt}(t_E-t_S)\\&\cong\frac{lH}{c}=\frac{v}{c}\end{aligned} \tag{16}$$

したがって赤方偏移 $(\lambda_E-\lambda_S)/\lambda_S$ はドップラー効果として理解できる.

Tea Time

星の一生

宇宙の歴史について語るとすれば，多くのうそを語ることになるかもしれない．宇宙にはたくさんの解決されていない疑問があるし，宇宙を観察する技術の発展と理論の緻密さの増加によって，疑問はますます多様化されるにちがいないからである．昔は知識が少なかったから宇宙について気楽に語ることもできたといいたいくらいである．いまほど多くの人が宇宙について関心をもっているのはその裏返しの現象であるといってもよいであろう．たしかに昔に比べればわれわれは宇宙について多くのことを知っている．しかし宇宙の歴史についてのシナリオをつくるとすれば，それはいつ新しく書きかえられるかわからないものであることを覚悟しなければならない．これは宇宙の歴史だけでなく，科学全体についていえることであるが，特に宇宙に関してわれわれはまだきわめてわずかしか知らないように思う．

今の学説によれば，宇宙は約150億年前にビッグバンによって生じた．しばらくして宇宙のガスや塵が集まって銀河ができ，星が生まれた．宇宙の中には何千億もの銀河があり，われわれの太陽系が属する銀河系（天の川銀河）には2000億個の星が含まれている．その直径は10万光年，厚さは1000光年ほどの円盤状の星の集団である．太陽系は銀河系のやや周辺部にあって，銀河系全体の円運動につれて銀河中心のまわりを秒速200 kmの速さで公転している．

太陽系は約50億年前に誕生し，あと約50億年の寿命をもっている壮年の星である．宇宙には今でも若い星が誕生を続けているが，宇宙自身の寿命は不明である．太陽は平均よりもやや質量の小さな星であるが寿命は長い方に属する．大きな質量の星は一般にたがいの重力でしめつけられているため温度が高く，速く燃焼するので，小さな質量の星に比べて寿命が短い．重い星の中には太陽の質量の100倍以上のものもある．星のたどる一生はだいたい星の質量で決まっている．太陽の数倍以下の質量の小さい星は比較的長い寿命の末に赤くふくれ上がった赤色巨星となり，外側のガスを放出しながら，やがて小さく縮んで暗い白色矮星となって静かに消えていく．われわれの太陽も赤色巨星への道をたどり，一時は地球の軌道よりも大きくふくれ上がるだろう．

大質量の星は燃料を速く食いつぶし，短い一生の末に大きくふくれて赤色超巨星となり，その大部分は最後に大きな重力のために自己の中に収縮して白色矮星となる．しかしその一部はその途上で大爆発（超新星爆発）をおこしてすごい密度の中性子星かブラックホールになる．

第12講

球対称な星

―テーマ
- ◆ 一様な密度の星
- ◆ 重力場の方程式
- ◆ 圧力の式
- ◆ Tea Time：星の核融合炉

一様な密度の星

空間的に物質が一様に分布した球対称な星を考える．星の内部は重力によって引き合うから，中心に近いほど大きな圧力が加わるであろう．これを一般相対論で調べよう．

この状況の下で重力場の方程式

$$R_{ik}-\frac{1}{2}g_{ik}R=-\chi T_{ik} \qquad (1)$$

の解を求めよう（これは『相対性理論30講』の第29講においてシュワルツシルトの内部解で扱ったものである．ここでは少し補足する）．

$$(ds)^2=e^{f(r)}(cdt)^2-e^{\varphi(r)}(dr)^2-r^2\{(d\theta)^2+\sin^2\varphi(d\varphi)^2\} \qquad (2)$$

とおく．

$$x^0 = ct, \quad x^1 = r, \quad x^2 = \theta, \quad x^3 = \varphi$$

$$\begin{aligned} & g_{00} = e^f, \quad g_{11} = -e^\psi, \quad g_{22} = -r^2, \quad g_{33} = -r^2 \sin^2\theta \\ & \quad (\text{その他の } g_{ik} = 0) \end{aligned} \tag{3}$$

$$g = \det g = g_{00}g_{11}g_{22}g_{33} = -r^4 \sin^2\theta \, e^{f+\psi}$$

さらに $g^{ik} = \dfrac{1}{g}\dfrac{\partial g}{\partial g_{ik}}$ により

$$\begin{aligned} & g^{00} = e^{-f}, \quad g^{11} = -e^{-\psi}, \quad g^{22} = -r^{-2}, \quad g^{33} = -(r\sin\theta)^2 \\ & \quad (\text{その他の } g^{ik} = 0) \end{aligned} \tag{4}$$

これらからリッチ・テンソルを求めると（$f' = df/dr$ など）

$$\begin{aligned} R_{00} &= -e^{f-\psi}\frac{f''}{2} + \frac{f'}{4}(f' - \psi') + \frac{f'}{r} \\ R_{11} &= \frac{f''}{2} + \frac{f'}{4}(f' - \psi') - \frac{\psi'}{r} \\ R_{22} &= -1 + e^{-\psi}\left\{1 + \frac{r}{2}(f' - \psi')\right\} \\ R_{33} &= \sin^2\theta \, R_{22} \end{aligned} \tag{5}$$

さらに（『相対性理論 30 講』p. 214 参照）

$$\begin{aligned} R &= g^{00}R_{00} + g^{11}R_{11} + g^{22}R_{22} + g^{33}R_{33} \\ &= -e^{-\psi}\left\{f'' + 2\frac{f' - \psi'}{r} + \frac{f'}{2}(f' - \psi') + \frac{2(1 - e^\psi)}{r^2}\right\} \end{aligned} \tag{6}$$

と計算される．したがって（1）において

$$\begin{aligned} R_{00} - \frac{1}{2}g_{00}R &= -e^{f-\psi}\left(\frac{\psi'}{r} + \frac{e^\psi - 1}{r^2}\right) \\ R_{11} - \frac{1}{2}g_{11}R &= -\frac{f'}{r} - \frac{1}{r^2} + \frac{e^\psi}{r^2} \\ R_{22} - \frac{1}{2}g_{22}R &= e^{-\psi}\left(\frac{r^2 f'' + rf' - r\psi'}{2} + \frac{r^2 f'^2 - r^2 f'\psi'}{4}\right) \\ R_{33} &= \sin^2\theta \, R_{22} \end{aligned} \tag{7}$$

エネルギー運動量テンソル

エネルギー運動量テンソルは（完全流体として）

$$T^{ik}=\left(\rho+\frac{p}{c^2}\right)u^i u^k - p g^{ik} \tag{8}$$

を採用する．物質は静止していると考えるので4元速度は

$$u^0=\frac{d(ct)}{d(s/c)}=c\,\mathrm{e}^{-f/2}, \qquad u^i=\frac{dx^i}{d\tau}=0 \qquad (i=1,2,3) \tag{9}$$

$g_{ij}=0\ (i \neq j)$ であるから

$$u_0=g_{00}u^0=c\,\mathrm{e}^{f/2}, \qquad u_i=g_{ii}u^i=0 \qquad (i=1,2,3) \tag{10}$$

したがって (8) から

$$T_{ik}=\left(\rho+\frac{p}{c^2}\right)u_i u_k - p g_{ik} \tag{11}$$

となる．すなわち

$$\begin{aligned} &T_{00}=\left(\rho+\frac{p}{c^2}\right)c^2\,\mathrm{e}^f - p\,\mathrm{e}^f=\rho c^2\,\mathrm{e}^f, \qquad T_{11}=-pg_{11}=p\,\mathrm{e}^{\varphi} \\ &T_{22}=-pg_{22}=pr^2, \qquad T_{33}=-pg_{33}=pr^2\sin^2\theta \end{aligned} \tag{12}$$

重力場の方程式

(7)，(8) により重力場の方程式 (1) は $i=k=0$，$i=k=1$，$i=k=2$（$i=k=3$ も同じ式となる）に対してそれぞれ

$$\begin{aligned} &\mathrm{e}^{-\varphi}\left(\frac{\varphi'}{r}-\frac{1}{r^2}\right)+\frac{1}{r^2}=\varkappa\rho c^2 \\ &\mathrm{e}^{-\varphi}\left(\frac{f'}{r}+\frac{1}{r^2}\right)-\frac{1}{r^2}=\varkappa p \\ &\mathrm{e}^{-\varphi}\left(\frac{f''}{2}+\frac{f'-\varphi'}{2r}+\frac{f'^2-f'\varphi'}{4}\right)=\varkappa p \end{aligned} \tag{13}$$

を与える．

(13) の第1式を書き直すと

$$\frac{1}{r^2}\frac{d}{dr}\left[r(\mathrm{e}^{-\varphi}-1)\right]=-\varkappa c^2\rho \tag{14}$$

となる．次に (13) の第2式を r で微分すると

$$\mathrm{e}^{-\varphi}\left(\frac{f''}{r}-\frac{f'}{r^2}-\frac{2}{r^3}\right)+\frac{2}{r^3}-\left(\frac{f'}{r}+\frac{1}{r^2}\right)\varphi'\,\mathrm{e}^{-\varphi}=\varkappa\frac{dp}{dr} \tag{15}$$

となり，(13) の第1式と第2式の和をつくると

$$e^{-\phi}\frac{1}{r}(f'+\phi')=\varkappa(\rho c^2+p) \tag{16}$$

を得る．そこで (16) に $f'/2$ を掛けて (15) に加えると少し整理して

$$\varkappa\left(\frac{dp}{dr}+\frac{\rho c^2+p}{2}f'\right)$$

$$=e^{-\phi}\left\{\frac{f''}{r}-\frac{f'+\phi'}{r^2}-\frac{f'(f'-\phi')}{2r}-\frac{2}{r^3}\right\}+\frac{2}{r^3} \tag{17}$$

$$=\frac{2}{r}\left[e^{-\phi}\left\{\frac{f''}{2}+\frac{f'-\phi'}{2r}+\frac{f'(f'-\phi')}{4}\right\}-e^{-\phi}\left(\frac{f'}{r}+\frac{1}{r^2}\right)-\frac{1}{r^2}\right]=0 \tag{18}$$

となる．ここで最後に (13) の第1式と第2式を用いた．

したがって

$$\frac{dp}{dr}+\frac{\rho c^2+p}{2}f'=0 \tag{19}$$

である．ここで ($\varkappa=8\pi G/c^4$)

$$e^{-\phi}=1-\frac{\varkappa c^2}{4\pi}M(r)=1-\frac{2G}{c^2r}M(r) \tag{20}$$

によって $M(r)$ という量を定義すると (14) は

$$\frac{dM(r)}{dr}=4\pi r^2\rho \tag{21}$$

と書ける．したがって $M(r)$ は半径 r 以下の全質量を意味する量である．次に (13) の第2式から

$$f'=r\left(\varkappa p+\frac{1}{r^2}\right)e^{\phi}-\frac{1}{r}$$

$$=r\left(\frac{8\pi G}{c^4}p+\frac{1}{r^2}\right)\Big/\left(1-\frac{2G}{c^2r}M(r)\right)-\frac{1}{r}$$

$$=\frac{2G\{M(r)+4\pi r^3(p/c^2)\}}{c^2r^2\left(1-\dfrac{2G}{c^2r}M(r)\right)} \tag{22}$$

を得るので

$$-\frac{dp}{dr}=\frac{G\{\rho+(p/c^2)\}\{M(r)+4\pi r^3(p/c^2)\}}{r^2\left(1-\dfrac{2GM(r)}{rc^2}\right)} \tag{23}$$

を得る．これをトルマン-オッペンハイマー-ヴォルコフ(Tolman-Oppenheimer-Volkoff) 方程式という．

この方程式は古典的な流体の平衡式

$$-\frac{dp}{dr}=G\rho\frac{M(r)}{r^2} \tag{24}$$

と比べられる．ただし (17) により

$$M(r)=4\pi\int_0^r \rho r^2 dr \tag{25}$$

は半径 r 以下の全質量であり，(24) において $G\rho M(r)\,dr/r^2$ は $(r\sim r+dr)$ の球殻部分がそこより内部の全質量と引き合うための圧力である．

非圧縮性の場合

流体が非圧縮性である場合は $\rho=$一定として (21) から

$$M(r)=\frac{4\pi}{3}\rho r^3 \tag{26}$$

これを TOV 方程式 (23) に代入すると

$$-\frac{dp}{dr}=\frac{4\pi}{3}Gr\frac{(\rho+p/c^2)(\rho+3p/c^2)}{1-(8\pi/3)G\rho r^2} \tag{27}$$

となる．これから

$$\left(-\frac{1}{\rho+p/c^2}+\frac{3}{\rho+3p/c^2}\right)dp=-\frac{8\pi}{3}G\rho\frac{rdr}{1-((8\pi/3)G\rho/c^2)r^2} \tag{28}$$

積分すれば

$$\log\left(-\frac{\rho+3p/c^2}{\rho+p/c^2}\right)=\frac{1}{2}\log\left(1-\frac{8\pi}{3}G\rho^2r^2\right)+\text{定数} \tag{29}$$

$$\frac{\rho+3p/c^2}{\rho+p/c^2}=\frac{\rho+3p_0/c^2}{\rho+p_0/c^2}\left(1-\frac{8\pi}{3}G\rho^2r^2\right)^{1/2} \tag{30}$$

(p_0 は $r=0$ における圧力) を得る．これを書き直すと

$$p=\rho c^2\frac{(\rho c^2+3p_0)(1-(8\pi/3)G\rho^2r^2)^{1/2}-(\rho c^2+p_0)}{3(\rho c^2+p_0)-(\rho c^2+3p_0)(1-(8\pi/3)G\rho^2r^2)^{1/2}} \tag{31}$$

となる．

星の核融合炉

星が放射する莫大なエネルギーの源は核融合である．これを明らかにしたのはドイツ生まれのアメリカの物理学者ベーテ（H. Bethe）とドイツの物理学者ワイゼッカー（C. F. von Weizsäcker）である．彼らがみつけた核融合の過程は炭素(C)と窒素(N)を触媒として水素が融合してヘリウムをつくり出すものでCN反応とよばれる．さらに同年にベーテは陽子-陽子反応（p-p反応）をみつけた．これは途中の過程は複雑だが最終的にはやはり水素4個をヘリウム1個に転換する核融合である．この反応で生成するヘリウム1個の質量は燃料である水素4個に比べて0.7％だけ小さくなっている．質量の0.7％が熱エネルギーに転化する核融合反応というわけである．太陽ではp-p反応でエネルギーがつくられるが，太陽の1.5倍程度より重い星ではCN反応が主になっている．

太陽の中心では高温のため電子がとれてプロトンになった水素の原子核が高速で飛びまわって，たがいに衝突することによって融合反応をおこしている．これは熱核融合である．熱核融合によってつくられるエネルギーと太陽の表面から放射されるエネルギーの釣り合いによって太陽の中心温度は約1500万度に保たれている．またこの反応によって多量のニュートリノが放出され，太陽の中を素通りして地球まで直接飛んでくる．この太陽ニュートリノによって太陽の中の熱核融合が確かめられている．

ビッグバンによって最初につくられた元素は水素であるがヘリウムを含む炭素までの軽い元素もこの過程でいくらかつくられたらしい．それらは星の形成のときに星の中にとり入れられたが，星の中の核融合によってもヘリウムから炭素までの軽い元素がつくられた．炭素は自然の中で最も安定な元素の1つと考えられる．

赤色巨星の時代が終わると，主に炭素でできた星はそれ以上核融合をおこさずに白色矮星となって縮みはじめる．このとき星が重力によってつぶれてしまわないように支えるのは電子の運動による圧力である．これは電子の集団がパウリの排他原理にしたがい，圧縮すれば莫大な圧力を生じるためである（これを明らかにしたのはインド生まれのアメリカの天体物理学者チャンドラセカール（S. Chandrasekhar）であった）．大きさも質量も太陽ほどだった星が収縮して白色矮星になったときは地球ほどの大きさになり，貯えたエネルギーを放出しながらやがては冷えて暗くなって見えなくなってしまう．

太陽よりもずっと大きな質量をもった星は短命だが，水素を勢いよく消費してヘリウムから炭素までの元素をつくり，それでも核融合をやめずに，さらにニッケル，コバルト，そして鉄までの元素をつくる．鉄は核融合してエネルギーをとり出すことのできる最後の元素である．

ここまで到達した大質量星が重力によってつぶれないように支えるのは，またしてもパウリの排他原理である．しかしこの場合は電子集団の圧力ではもちこたえられず，中性子の排他原理，中性子の集団の運動による圧力である．

中性子は陽子と電子（と反ニュートリノ）に崩壊する性質（寿命約15分）をもっているが，原子核の中のようにせまい空間に閉じ込められると逆の反応もおこるために長生きすることができる．大質量星のように大きな重力の圧力でせまい空間に閉じ込められると，星はつぶれてそれ自身が巨大な原子核のように密度が高まり物質はすべて中性子になってしまう．これが中性子星である．白色矮星の密度は100兆 g/cm^3 であるが，中性子星の密度はその1億倍以上もあるから，中性子星の内部に比べれば白色矮星などは真空のようにすかすかだということになる．

大質量星の中のきわめてわずかの星は中性子星になる途上で大爆発をおこす．これは超新星爆発とよばれている現象だが，超新星爆発がおこる原因はよくわかっていない．しかしいずれにしても超新星爆発がおこるときには膨大なエネルギーが放出され，短い間に鉄よりも重い元素がつくられると考えられている．

このシナリオは現在多くの人がだいたい納得しているものであると思う（筆者の誤解も混じっていることを恐れるが）．前講の Tea Time の冒頭で述べたように今日のシナリオは明日はいくらか書きかえられるだろう．だからこの Tea Time で述べたことの全部を丸ごと信じてもらっても困る．誰かがいっているように「科学は物事を疑うことから始まる」のだから．

第 13 講

重　力　波

— テーマ

- 重力波の存在
- 重力場の線形近似
- 重力波の方程式
- Tea Time：元素の周期表

重　力　波

アインシュタイン（A. Einstein）の重力波の方程式は，物質の存在によって時空がゆがんでいることを記述するものである．したがって物質が動けば時空のゆがみは伝播し，波として伝わることがあり得ると想像される．それは荷電物体が振動すれば電磁波が生じて伝播するのと同様であろう．ファラデー（M. Faraday）やマクスウェル（J. C. Maxwell）が電磁波の存在に気付いたように，アインシュタインも 1916 年に弱い重力場の解析から，時空のゆがみが波となって伝播し得ること，すなわち重力波の存在に気付いている．

宇宙では超新星爆発などによって大きな質量が移動するとき，あるいは連星の回転などによって重力波が放出されることが期待される．地球上で重力波の到達を発見する試みがなされているが，現在ではまだ重力波が直接観測されたことはない．しかし間接的には重力波によって連星系のエネルギーが減少していくことが確認されている．テイラー（J. S. Tayler Jr.）らは連星パルサー（2 つの中性子星がたがいに相手のまわりを回っていて，一方の中性子星から周期的パルス電波が放出されている)の回転周期を10年あまりにわたって観測し，エネルギーの減少につれて周期が次第に短くなるのは重力波の放出によるものであることを確かめた（1978年）.

電磁波の伝播を記述するマクスウェル方程式と異なり，アインシュタインの重力波の方程式は非線形であるために振幅の大きい重力波の伝播を計算するのは困難である．そこで，ここでは平らな空間の中を伝わる微小振幅の重力波を線形近似で導くことにする．電磁場から電磁波を導くのに似た方法をとるので，真空中の電磁場からはじめる．

真空中の電磁波

真空中の電磁場を記述するマクスウェルの方程式は

$$\mathrm{rot}\,\boldsymbol{E}=-\frac{\partial \boldsymbol{B}}{\partial t},\qquad \mathrm{div}\,\boldsymbol{B}=0 \tag{1}$$

および

$$\mathrm{rot}\,\boldsymbol{B}=\frac{1}{c^2}\frac{\partial \boldsymbol{E}}{\partial t},\qquad \mathrm{div}\,\boldsymbol{E}=0 \tag{2}$$

と書かれる．ここで電磁ポテンシャル（ϕ, $\boldsymbol{A}$）を導入し

$$\boldsymbol{E}=-\mathrm{grad}\,\phi-\frac{\partial \boldsymbol{A}}{\partial t},\qquad \boldsymbol{B}=\mathrm{rot}\,\boldsymbol{A} \tag{3}$$

と書けば，(1)は自動的に満たされ，物理的な内容を別にすれば(3)は(1)でおきかえられる．そこで(3)を(2)に代入し，ベクトル公式

$$\mathrm{rot}\,\mathrm{rot}=-\nabla^2+\mathrm{grad}\,\mathrm{div},\qquad \mathrm{div}\,\mathrm{grad}=\nabla^2 \tag{4}$$

を用い，少し整理すれば

$$\begin{aligned}\left(\nabla^2-\frac{1}{c^2}\frac{\partial^2}{\partial t^2}\right)\phi&=-\frac{\partial}{\partial t}\left(\mathrm{div}\,\boldsymbol{A}+\frac{1}{c^2}\frac{\partial \phi}{\partial t}\right)\\ \left(\nabla^2-\frac{1}{c^2}\frac{\partial^2}{\partial t^2}\right)\boldsymbol{A}&=-\mathrm{grad}\left(\mathrm{div}\,\boldsymbol{A}+\frac{1}{c^2}\frac{\partial \phi}{\partial t}\right)\end{aligned} \tag{5}$$

を得る．結局，数学的には真空中のマクスウェルの方程式は(5)に要約されることになる．しかも，(5)の第1式の右辺は $\mathrm{div}\,\boldsymbol{A}+(1/c^2)(\partial\phi/\partial t)$ の時間微分，(5)の第2式の右辺は同じ式の空間微分で，相対論的な4次元空間における方程

式と見れば，（5）の2つの方程式は時空の中の1つの方程式と考えることができる．

物理的には，同じ $\boldsymbol{E}$ と $\boldsymbol{B}$ を与える ϕ と $\boldsymbol{A}$ は一義的に決まらないものである（『電磁気学30講』p. 189以下参照）．それを利用して

$$\mathrm{div}\,\boldsymbol{A}+\frac{1}{c^2}\frac{\partial\phi}{\partial t}=0 \tag{6}$$

とすることができる（このようにとることをローレンツ条件という）．これは ϕ，$\boldsymbol{A}$ のとり方を制限することであるが，逆に座標系の選び方を制限することと見ることもできる．なお

$$\left(\nabla^2-\frac{1}{c^2}\frac{\partial^2}{\partial t^2}\right)\chi_0(\boldsymbol{x},\ t)=0 \tag{7}$$

を満たす χ_0 を用いて（ϕ，$\boldsymbol{A}$）から

$$\boldsymbol{A}'=\boldsymbol{A}+\mathrm{grad}\,\chi_0,\qquad \phi'=\phi-\frac{\partial\chi_0}{\partial t} \tag{8}$$

に移っても，ローレンツ条件は保たれる．すなわち

$$\mathrm{div}\,\boldsymbol{A}'+\frac{1}{c^2}\frac{\partial\phi'}{\partial t}=0 \tag{9}$$

が保たれる．（7），（8）をゲージ変換という．

ローレンツ条件（6）を用いると（5）は

$$\left(\nabla^2-\frac{1}{c^2}\frac{\partial^2}{\partial t^2}\right)\phi=0,\qquad \left(\nabla^2-\frac{1}{c^2}\frac{\partial^2}{\partial t^2}\right)\boldsymbol{A}=0 \tag{10}$$

となる．これは波動方程式であって，電磁波（ϕ，$\boldsymbol{A}$）が光速度で伝播することを表している．

重力場の線形近似

さて，重力場に対するアインシュタイン方程式（第6講（1））は

$$R_{\mu\nu}-\frac{1}{2}g_{\mu\nu}R=-\varkappa T_{\mu\nu}\qquad\left(\varkappa=\frac{8\pi G}{c^4}\right) \tag{11}$$

である．物質のない真空中の重力波を考えるので，(11) は

$$\boxed{R_{\mu\nu}=0} \tag{12}$$

となる．ここでリッチ・テンソル $R_{\mu\nu}$ は（第4講(12)）

$$R_{\mu\nu}=\frac{\partial}{\partial x^{\nu}}\begin{Bmatrix}\lambda\\ \mu\lambda\end{Bmatrix}-\frac{\partial}{\partial x^{\lambda}}\begin{Bmatrix}\lambda\\ \mu\nu\end{Bmatrix}+\begin{Bmatrix}\lambda\\ \sigma\nu\end{Bmatrix}\begin{Bmatrix}\sigma\\ \mu\lambda\end{Bmatrix}-\begin{Bmatrix}\lambda\\ \sigma\lambda\end{Bmatrix}\begin{Bmatrix}\sigma\\ \mu\nu\end{Bmatrix} \tag{13}$$

であり，3指記号は

$$\begin{aligned}\begin{Bmatrix}\lambda\\ \mu\lambda\end{Bmatrix}&=\frac{1}{2}g^{\lambda l}\left(\frac{\partial g_{l\lambda}}{\partial x^{\mu}}+\frac{\partial g_{l\mu}}{\partial x^{\lambda}}-\frac{\partial g_{\mu\lambda}}{\partial x^{l}}\right)\\ \begin{Bmatrix}\lambda\\ \mu\nu\end{Bmatrix}&=\frac{1}{2}g^{\lambda l}\left(\frac{\partial g_{l\nu}}{\partial x^{\mu}}+\frac{\partial g_{l\mu}}{\partial x^{\nu}}-\frac{\partial g_{\mu\nu}}{\partial x^{l}}\right)\end{aligned} \tag{14}$$

これから先は線形近似をとろう．すなわち時空はほとんど平らであって，基本計量 $g_{\mu\nu}$ は

$$g_{\mu\nu}=\eta_{\mu\nu}+h_{\mu\nu} \tag{15}$$

と書かれる．ここで $\eta_{\mu\nu}$ は平らな空間の計量であって

$$(\eta_{\mu\nu})=\begin{pmatrix}1&0&0&0\\0&-1&0&0\\0&0&-1&0\\0&0&0&-1\end{pmatrix} \tag{16}$$

$$|h_{\mu\nu}|\ll 1$$

とする．すなわち $(\eta_{\mu\nu})$ は定数行列，$|h_{\mu\nu}|$ は十分小さいとして $h_{\mu\nu}$ の2次以上の小さな量は無視する．

この近似では $R_{\mu\nu}$ (13) の最後の2つの項は無視できる．(14) では括弧の中の $\partial g_{l\lambda}/\partial x^{\mu}$ などは1次の量なのでその前の $g^{\lambda l}$ は定数と見てよい．したがって (14) の微分は

$$\begin{aligned}\frac{\partial}{\partial x^{\nu}}\begin{Bmatrix}\lambda\\ \mu\lambda\end{Bmatrix}&=\frac{1}{2}g^{\lambda l}\left(\frac{\partial^2 g_{l\lambda}}{\partial x^{\nu}\partial x^{\mu}}+\frac{\partial^2 g_{l\mu}}{\partial x^{\nu}\partial x^{\lambda}}-\frac{\partial^2 g_{\mu\lambda}}{\partial x^{\nu}\partial x^{l}}\right)\\ \frac{\partial}{\partial x^{\lambda}}\begin{Bmatrix}\lambda\\ \mu\nu\end{Bmatrix}&=\frac{1}{2}g^{\lambda l}\left(\frac{\partial^2 g_{l\nu}}{\partial x^{\lambda}\partial x^{\mu}}+\frac{\partial^2 g_{l\mu}}{\partial x^{\lambda}\partial x^{\nu}}-\frac{\partial^2 g_{\mu\nu}}{\partial x^{\lambda}\partial x^{l}}\right)\end{aligned} \tag{17}$$

としてよい．この2式の右辺の中で第2項は等しいから2式の差をとることにより線形近似では

$$R_{\mu\nu}=\frac{1}{2}g^{\lambda l}\left(\frac{\partial^2 g_{l\lambda}}{\partial x^{\nu}\partial x^{\mu}}-\frac{\partial^2 g_{\mu\lambda}}{\partial x^{\nu}\partial x^{l}}-\frac{\partial^2 g_{l\nu}}{\partial x^{\lambda}\partial x^{\mu}}+\frac{\partial^2 g_{\mu\nu}}{\partial x^{\lambda}\partial x^{l}}\right) \tag{18}$$

ここで右辺の第 3 項は

$$g^{\lambda l}\frac{\partial^2 g_{l\nu}}{\partial x^\lambda \partial x^\mu}=g^{l\lambda}\frac{\partial^2 g_{\lambda\nu}}{\partial x^l \partial x^\mu}=g^{\lambda l}\frac{\partial^2 g_{\lambda\nu}}{\partial x^l \partial x^\mu} \tag{19}$$

と書き直せる(添字 λ, l については和をとるので，これらをとりかえてもよい．また $g^{l\lambda}=g^{\lambda l}$)．

(12) により $R_{\mu\nu}=0$ なので ((18) の右辺で第 1 項と第 4 項を入れかえる)

$$g^{\lambda l}\left(\frac{\partial^2 g_{\mu\nu}}{\partial x^\lambda \partial x^l}-\frac{\partial^2 g_{\mu\lambda}}{\partial x^\nu \partial x^l}-\frac{\partial^2 g_{\lambda\nu}}{\partial x^l \partial x^\mu}+\frac{\partial^2 g_{l\lambda}}{\partial x^\nu \partial x^\mu}\right)=0 \tag{20}$$

を得る．これが線形近似をした重力場の方程式である．この式の中で括弧は 1 次の微少量であるから先頭の $g^{\lambda l}$ は $\eta^{\lambda l}$ でおきかえてもよい．また括弧の中の $g_{\mu\nu}$ などはすべて $h_{\mu\nu}$ などと書きかえてもよいが，このままにしておこう．

ついでに添字をとりかえて，

$$\lambda \to \mu, \qquad l \to \nu, \qquad \nu \to \sigma, \qquad \mu \to \rho \tag{21}$$

と書きかえると，重力場の方程式 (20) は

$$\boxed{g^{\mu\nu}\left(\frac{\partial^2 g_{\rho\sigma}}{\partial x^\mu \partial x^\nu}-\frac{\partial^2 g_{\mu\rho}}{\partial x^\nu \partial x^\sigma}-\frac{\partial^2 g_{\mu\sigma}}{\partial x^\nu \partial x^\rho}+\frac{\partial^2 g_{\mu\nu}}{\partial x^\rho \partial x^\sigma}\right)=0} \tag{22}$$

となる (R. ディラック (江沢洋訳)『一般相対性理論』，東京図書 (1986)，p. 99，(33.1) 式参照)．

重　力　波

電磁場に対するローレンツ条件 (9) にならい，座標の任意性を利用して，座標の選び方に対する条件

$$g^{\mu\nu}\left\{\begin{matrix}\lambda\\ \mu\nu\end{matrix}\right\}=0 \tag{23}$$

をつける．これを調和座標の条件という (ディラック，前出)．添字 λ を下げて $g_{\rho\lambda}\left\{\begin{matrix}\lambda\\ \mu\nu\end{matrix}\right\}=\Gamma_{\rho\mu\nu}$ と書く $\left(\left\{\begin{matrix}\lambda\\ \mu\nu\end{matrix}\right\}\right.$ を $\Gamma^\lambda{}_{\mu\nu}$ と書く本が多い$\Big)$ と，この条件は

$$g^{\mu\nu}\Gamma_{\rho\mu\nu}=0 \tag{24}$$

と書ける．ここで

$$g^{\mu\nu}\Gamma_{\rho\mu\nu}=\frac{1}{2}g^{\mu\nu}\left(\frac{\partial g_{\rho\nu}}{\partial x^{\mu}}+\frac{\partial g_{\rho\mu}}{\partial x^{\nu}}-\frac{\partial g_{\mu\nu}}{\partial x^{\rho}}\right)=0 \tag{25}$$

さらに

$$g^{\mu\nu}\frac{\partial g_{\rho\nu}}{\partial x^{\mu}}=g^{\nu\mu}\frac{\partial g_{\rho\mu}}{\partial x^{\nu}}=g^{\mu\nu}\frac{\partial g_{\rho\mu}}{\partial x^{\nu}} \tag{26}$$

なので，この条件は

$$g^{\mu\nu}\left(\frac{\partial g_{\rho\mu}}{\partial x^{\nu}}-\frac{1}{2}\frac{\partial g_{\mu\nu}}{\partial x^{\rho}}\right)=0 \tag{27}$$

と書ける．これを x^{σ} で微分して，2 次の項を省略すると

$$g^{\mu\nu}\left(\frac{\partial^2 g_{\rho\mu}}{\partial x^{\nu}\partial x^{\sigma}}-\frac{1}{2}\frac{\partial^2 g_{\mu\nu}}{\partial x^{\rho}\partial x^{\sigma}}\right)=0 \tag{28}$$

ρ と σ を変換して

$$g^{\mu\nu}\left(\frac{\partial^2 g_{\mu\sigma}}{\partial x^{\nu}\partial x^{\rho}}-\frac{1}{2}\frac{\partial^2 g_{\mu\nu}}{\partial x^{\rho}\partial x^{\sigma}}\right)=0 \tag{29}$$

そこで (22)，(28)，(29) を加えると，左辺第 1 項だけが残って

$$g^{\mu\nu}\frac{\partial^2 g_{\rho\sigma}}{\partial x^{\mu}\partial x^{\nu}}=0 \tag{30}$$

を得る．

ここで 2 次の項は省略するので (30) の $g^{\mu\nu}$ は $\eta^{\mu\nu}$ でおきかえてもよく，$g_{\rho\sigma}$ は $h_{\rho\sigma}$ でおきかえてもよい．したがって (30) は

$$\left(\frac{1}{c^2}\frac{\partial^2}{\partial t^2}-\nabla^2\right)h_{\rho\sigma}=0 \tag{31}$$

となる．これは時空のゆがみ $h_{\rho\sigma}$ が光速度 c で伝播することを表す．これが重力波にほかならない．

なお，重力波の源になるのはエネルギー運動量テンソル $T_{\mu\nu}$ である．これを場の方程式 (12) の右辺に残しておけば，重力場の線形近似は (31) の代わりに

$$\boxed{\frac{1}{2}\left(\frac{1}{c^2}\frac{\partial^2}{\partial t^2}-\nabla^2\right)h_{\rho\sigma}=-\chi T_{\rho\sigma}} \tag{32}$$

となる．

元素の周期表

「リベブクノフ・ナムガルシプスクル・クカスクチブクルンヌフェコニ・クズンガゲアッセブル・ルブスルイズルヌブモ（マ）…アグクドインスンスブテイ・クスバラ…」

この「ジュゲムジュゲム・ゴコウノスリキレ…」みたいな唱え文句は，元素の周期律（下の表）である．（上の唱え文句の中で（マ）とあるのは，今のテクネチウムにあたるが，その昔は別の名でよばれていた．）

(H)										(He)
Li	Be	B	C	N	O	F				(Ne)
Na	Mg	Al	Si	P	S	Cl				(Ar)
K	Ca	Sc	Ti	V	Cr	Mn	Fe	Co	Ni	
Cu	Zn	Ga	Ge	As	Se	Br				(Kr)
Rb	Sr	Y	Zr	Nb	Mo	Ma	Tc	Ru	Rh	
Ag	Cd	In	Sn	Sb	Te	I				(Xe)
Cs	Ba	La	…							

大学の入試のために，周期律を丸暗記したのである．たまたま入試の化学の出題に，ある実験を説明し，「これから銅の原子量を求めよ」というのがあった．その実験にしたがって計算し，答を 63.…と出してから，これが正確かどうかを考えた．カンニングはもちろんできない．周期表は丸暗記してあるが，原子量までは暗記していない．しかし原子量は原子番号の 2 倍より少し大きいくらいであることを知っていた．そこで指を折って数えてみると銅の原子番号は 30 であることがわかったので原子量約 63 というのは正しいという自信をもつことができた．試験場を出て廊下でポケットに入れていた周期表を出してみて，それが本当であることを確かめたときはやはりうれしかった．

今でも「リベブクノフ…」は覚えている．子供のときの暗記力はすばらしいものがある．英語の辞典を逆に引くために覚えた abc…の逆の zyx…も，今も忘れないでいる．

小学校で 2 年生のときに掛け算の九九は覚えさせられたが，それは「2・3 が 6」という風に小さい方の数から掛けるのだけであって，「3・2 が 6」というように大きな数から掛けるのは覚えさせられなかった．

ところが3年になるときに転校し，新しい学校では2年のときに「2・3が6」と「3・2が6」の両方を覚えさせていた．そのためのカルチャーショックは痛かった．算数のテストでは大きい数から掛ける問題もたくさん出るので，突然劣等生になってしまったのである．その他にもいろいろあって，その学校には遂になじめない気持ちが残ってしまったものである．

これに似た体験をもつ人が多いのではないかと思う．記憶力の強い子供の時代に必要なことは早めに覚えさせた方がいいように思う．

それでは，「ヘロホイニトハ・トニイホロヘハ」は何でしょう．

「コナルカヒフニレコヒ」は？

第 14 講

相対性理論と量子力学

― テーマ ―
- ◆ スカラー波動関数
- ◆ 確率の保存
- ◆ Tea Time：E. ウィグナー

スカラー波動関数

シュレーディンガー（E. Schrödinger）はド・ブロイ（L.-V. de Broglie）の物質波のアイディアから物質波の波動関数を導こうとする最初の試みにおいて，ド・ブロイと同様に特殊相対論的な物質波を考えた．自由粒子の相対論的なエネルギーを E とすると，よく知られているように

$$\boxed{E^2=c^2\boldsymbol{p}^2+m^2c^4} \qquad (1)$$

である．ただしここで $\boldsymbol{p}$ は粒子の運動量，m は質量であり，c は光速度である．自由粒子に付随するド・ブロイ波を $\psi(\boldsymbol{r},\ t)$，その波数を $\boldsymbol{k}$，角振動数を ω とすると

$$\begin{aligned}\psi(\boldsymbol{r},\ t)&=u\,\mathrm{e}^{i(\boldsymbol{k}\cdot\boldsymbol{r}-\omega t)} \qquad (u=\text{定数})\\&=u\,\mathrm{e}^{i(\boldsymbol{p}\cdot\boldsymbol{r}-Et)/\hbar}\end{aligned} \qquad (2)$$

となる．ここでド・ブロイの式

$$\boldsymbol{p}=\hbar\boldsymbol{k}, \qquad E=\hbar\omega \qquad (3)$$

を用いた．この関係式により

$$E\psi(\boldsymbol{r},\ t)=i\hbar\frac{\partial}{\partial t}\psi(\boldsymbol{r},\ t)$$

$$\boldsymbol{p}\psi(\boldsymbol{r},\ t)=\frac{\hbar}{i}\frac{\partial}{\partial \boldsymbol{r}}\psi(\boldsymbol{r},\ t) \tag{4}$$

故にエネルギー E と運動量 $\boldsymbol{p}$ はそれぞれ

$$E\longrightarrow i\hbar\frac{\partial}{\partial t},\qquad \boldsymbol{p}\longrightarrow\frac{\hbar}{i}\nabla\qquad\left(=\frac{\hbar}{i}\,\mathrm{grad}\right) \tag{5}$$

として $\psi(\boldsymbol{r},\ t)$ にはたらく演算子と見られる．

（5）を用いると（1）から

$$-\hbar^2\frac{\partial^2\psi}{\partial t^2}=-\hbar^2c^2\nabla^2\psi+m^2c^4\psi \tag{6}$$

を得る（$\nabla^2=\partial^2/\partial x^2+\partial^2/\partial y^2+\partial^2/\partial z^2$）．

水素原子の場合は原点に電荷が $+e$ の原子核があって電子はそのための位置エネルギー（電子の電荷は $-e$）

$$-eV=-\frac{1}{4\pi\varepsilon_0}\frac{e^2}{r} \tag{7}$$

をもつ．このときの電子の相対論的なエネルギーは

$$E=\sqrt{c^2p^2+m^2c^4}-eV \tag{8}$$

である．書き直すと

$$(E+eV)^2=c^2p^2+m^2c^4 \tag{9}$$

となる．したがって（6）を拡張した式

$$\left(i\hbar\frac{\partial}{\partial t}+eV\right)^2\psi=-c^2\hbar^2\nabla^2\psi+m^2c^4\psi=0 \tag{10}$$

が水素原子に対して成り立つと期待される．

しかしシュレーディンガーがワイル（C. H. H. Weyle）の助力により（10）を解いてエネルギー固有値を求めたところ，水素のスペクトルと一致しないことが判明した（この計算と結果は省略する）．このためシュレーディンガーはしばらくこの問題の研究から遠ざかった．

方程式（10）あるいは（6）は ψ をスカラー関数と考えると，このままでは量子

力学の基礎方程式とすることができないような欠点をもっている．それは，粒子の存在確率の保存を表す式が見出されないという欠点である．自由粒子に対する式（6）についてこれを説明しよう．粒子の存在の確率密度を $P(\boldsymbol{r},\ t)$ とし，その流れを $\boldsymbol{S}(\boldsymbol{r},\ t)$ とすると，粒子の保存則は

$$\boxed{\frac{\partial P}{\partial t}+\mathrm{div}\ \boldsymbol{S}=0} \tag{11}$$

と表されるはずである．（6）に対する複素共役の式

$$-\hbar^2\frac{\partial^2\psi^*}{\partial t^2}=-c^2\hbar^2\nabla^2\psi^*+m^2c^4\psi^* \tag{12}$$

を援用すると

$$\begin{aligned} P(\boldsymbol{r},\ t)&=\frac{i\hbar}{2mc^2}\left(\psi^*\frac{\partial\psi}{\partial t}-\psi\frac{\partial\psi^*}{\partial t}\right) \\ \boldsymbol{S}(\boldsymbol{r},\ t)&=\frac{\hbar}{2im}(\psi^*\ \mathrm{grad}\ \psi-\psi\ \mathrm{grad}\ \psi^*) \end{aligned} \tag{13}$$

とすれば (11) が満たされることは容易に示される．したがって上記の $P(\boldsymbol{r},\ t)$ は粒子の確率密度を表すように見えるが，たとえば $\psi\sim\mathrm{e}^{-iEt/\hbar}$ とおくと $P(\boldsymbol{r},\ t)=(E/mc^2)\psi^*\psi$ となる．相対論では負のエネルギーも許される (第 17，23 講参照) ので，$E<0$ とおくと $P(\boldsymbol{r},\ t)<0$ となるが，負の存在確率は考えられないから，$P(\boldsymbol{r},\ t)$ を存在確率として使うことはできない．

確率の保存

粒子の存在確率の保存則を保証するには，波動方程式が時間に対して 1 階の微分を含む式で

$$\boxed{i\hbar\frac{\partial\psi}{\partial t}=H\psi} \tag{14}$$

の形のものであると都合がよい (ただしここで ψ はスカラーとは限らないし，H も行列，あるいは行列の性質をもった演算子であるかもしれない)．

ψ と H の複素共役(ベクトルあるいは行列のときはエルミート共役)を ψ^*，H^*

とすると，(14) から

$$-i\hbar\frac{\partial\psi^*}{\partial t}=\psi^* H^* \tag{15}$$

したがって

$$\begin{aligned} i\hbar\frac{\partial}{\partial t}(\psi^*\psi) &= \psi^* H\psi - \psi^* H^*\psi \\ &= \psi^* H\psi - \psi(H\psi)^* \end{aligned} \tag{16}$$

よって

$$i\hbar\frac{d}{dt}\int\psi^*\psi d\boldsymbol{r}=\int\psi^* H\psi d\boldsymbol{r}-\int\psi(H\psi)^* d\boldsymbol{r} \tag{17}$$

そこでさらに H が任意の関数 φ, ψ に対して

$$\int\varphi(H\psi)^* d\boldsymbol{r}=\int\varphi^* H\psi d\boldsymbol{r} \tag{18}$$

を満たす（このとき H はエルミート的であるという）ことを要請すれば

$$\frac{d}{dt}\int\psi^*\psi d\boldsymbol{r}=0 \tag{19}$$

となる．これは

$$\boxed{P(\boldsymbol{r},\ t)=\psi^*\psi} \tag{20}$$

が保存され，したがって確率密度であることが保証される．

Tea Time

E. ウィグナー

ウィグナー（Eugene Wigner，1902-1995）は量子力学の建設者の 1 人である．量子力学の研究に入る前に化学工学や X 線結晶学などで道草を食ったせいもあって，ほとんど同年配のハイゼンベルク（W. K. Heisenberg，1901-1976）などと比べると仕事の性質がいくらか地味な感じがする．しかし彼の著『群論と原子スペクトルの量子力学への応用』(1931) は学界に大きな影響を与えたし，固体電子に

対するウィグナー-サイツ法（1933）も有名である．「原子核と素粒子における対称性の発見」ではノーベル物理学賞（1963）を受けた．ウィグナーの妹はディラック（P. A. M. Dirac）の夫人になっている．

アインシュタイン（A. Einstein）もウィグナーも，1933年にナチスが支配したヨーロッパをはなれてアメリカのプリンストンへ移った．

1979年にアインシュタイン生誕百年祭がプリンストンの高級研究所で催されたとき，たまたまその地を訪れていた筆者はプリンストン大学数学教室のクルスカル教授（M. D. Kruskal）などと共に，ウィグナーの話を聞きにいった．もちろんアインシュタインに関する思い出話である．会場には丸みを帯びたからだつきのウィグナーと共に細くて長身のディラックの姿も見られた．ウィグナーはドイツ語なまりがあるおだやかな語り口で，立ったままで講演した．ディラックは5年後の1984年10月20日に亡くなった（10月20日は筆者の誕生日である）．

手もとにG氏からいただいた“*The Recollections of Eugene P. Wigner as Told to Andrew Szanton*”（Plenum，1992）という本がある．Szanton（スザントンと読むのか）は科学物のフリーライターで30回以上ウィグナーにインタビューしたらしい．ウィグナーがテープレコーダーをいやがったのでノートをとったと書いている．この本にもとづいてウィグナー，ディラック，アインシュタイン，シラード（L. Szilard）などのことを書いてみたい．

第 15 講

ディラック方程式

— テーマ
- ◆ ディラック方程式
- ◆ 4 元ベクトルの波動関数
- ◆ 4×4 行列の α, β
- ◆ Tea Time：1933 年前後

自由粒子の波動方程式

ディラック（P. A. M. Dirac）は波動方程式が時間 t の 1 階微分であることを要請した．

自由粒子を考え，ハミルトニアン H を

$$\boxed{H = c\boldsymbol{\alpha}\cdot\boldsymbol{p} + \beta mc^2} \tag{1}$$

と仮定する．ここで運動量 $\boldsymbol{p} = (p_x,\ p_y,\ p_z)$ に対して $\boldsymbol{\alpha} = (\alpha_x,\ \alpha_y,\ \alpha_z)$ である（後にわかるように α_x, α_y, α_z のそれぞれや β および H はすべて 4 行 4 列の行列で書ける）．（1）を用いると波動方程式 $i\hbar\partial\psi/\partial t = H\psi$ は

$$\boxed{\left(\frac{E}{c} - \boldsymbol{\alpha}\cdot\boldsymbol{p} - \beta mc\right)\psi = 0 \qquad \left(E = i\hbar\frac{\partial}{\partial t},\quad \boldsymbol{p} = \frac{\hbar}{i}\nabla\right)} \tag{2}$$

となる．自由粒子では E, $\boldsymbol{p}$ は定数であるから $\boldsymbol{\alpha}$, β も $\boldsymbol{r}$, t を含まない．成分で書くと上式（ディラック方程式）は

$$\left\{\frac{E}{c}-(\alpha_x p_x+\alpha_y p_y+\alpha_z p_z+\beta mc)\right\}\psi=0 \tag{3}$$

さらに自由粒子では $E^2=c^2\boldsymbol{p}^2+m^2c^4$ であるので，（2）の解のすべては

$$\left\{\left(\frac{E}{c}\right)^2-\boldsymbol{p}^2-m^2c^2\right\}\psi=0 \tag{4}$$

を満足することを要請する（逆のことは特に要請しない）．

そこで（2）に左から $E/c+\boldsymbol{\alpha}\cdot\boldsymbol{p}+\beta mc$ を掛ける．α_x, α_y, α_z, β の積の順序に注意して

$$\begin{aligned}
&\left(\frac{E}{c}+\boldsymbol{\alpha}\cdot\boldsymbol{p}+\beta mc\right)\left(\frac{E}{c}-\boldsymbol{\alpha}\cdot\boldsymbol{p}-\beta mc\right)\psi\\
&=\left\{\frac{E}{c}+(\alpha_x p_x+\alpha_y p_y+\alpha_z p_z)+\beta mc\right\}\left\{\frac{E}{c}-(\alpha_x p_x+\alpha_y p_y+\alpha_z p_z)-\beta mc\right\}\psi\\
&=\left[\left(\frac{E}{c}\right)^2-({\alpha_x}^2{p_x}^2+{\alpha_y}^2p_y+{\alpha_z}^2p_z)-(\alpha_x\alpha_y+\alpha_y\alpha_x)p_xp_y\right.\\
&\quad-(\alpha_y\alpha_z+\alpha_z\alpha_y)p_yp_z-(\alpha_z\alpha_x+\alpha_x\alpha_z)p_zp_x\\
&\quad\left.-mc\{(\alpha_x\beta+\beta\alpha_x)p_x+(\alpha_y\beta+\beta\alpha_y)p_y+(\alpha_z\beta+\beta\alpha_z)p_z\}-\beta^2m^2c^2\right]\psi
\end{aligned} \tag{5}$$

これが（4）に同等であることを要請するので

$$\boxed{\begin{aligned}
&{\alpha_x}^2={\alpha_y}^2={\alpha_z}^2=\beta^2=I\\
&\alpha_x\alpha_y+\alpha_y\alpha_x=\alpha_y\alpha_z+\alpha_z\alpha_y=\alpha_z\alpha_x+\alpha_x\alpha_z=0\\
&\alpha_x\beta+\beta\alpha_x=\alpha_y\beta+\beta\alpha_y=\alpha_z\beta+\beta\alpha_z=0
\end{aligned}} \tag{6}$$

でなければならない．

なお上式で I は ψ や α_x, α_y, α_z, β にはたらいても変化させないものを意味する．すなわち

$$I\alpha_x=\alpha_x I=\alpha_x \tag{7}$$

（6）は α_x, α_y, α_z と β の反交換関係である．この交換関係を満たす α_x, α_y, α_z, β はただの数ではありえないが，これを満たすものとして行列が考えられる．これは α, β, I を 4 行 4 列の行列（4×4 行列）とすることで満たされる．このとき波動関数 ψ は 4 元ベクトル

$$\psi=\begin{pmatrix}\psi_1\\\psi_2\\\psi_3\\\psi_4\end{pmatrix} \tag{8}$$

とする．

【注意】 これに応じて I は 4×4 の単位行列

$$I=\begin{pmatrix}1&0&0&0\\0&1&0&0\\0&0&1&0\\0&0&0&1\end{pmatrix} \tag{9}$$

となる．たとえば（2）の左辺の式

$$\frac{E}{c}-\boldsymbol{\alpha}\cdot\boldsymbol{p}-\beta mc \tag{10}$$

において $\boldsymbol{\alpha}=(\alpha_x,\ \alpha_y,\ \alpha_z)$ と β はそれぞれ 4×4 行列で書かれ，これに対して E/c と書けばふつうは，これはただの数であるが，上式の各項がすべて行列であることを明示するには，この式を

$$\frac{E}{c}I-\boldsymbol{\alpha}\cdot\boldsymbol{p}-\beta mc \tag{11}$$

と書かねばならない．しかしこのような場合に，単位行列 I は省略して (10) のように書くことが多い．本書もこの慣習にしたがうことにする．

保　存　則

確率密度 $P(\boldsymbol{r},\ t)$ と流れ $\boldsymbol{S}(\boldsymbol{r},\ t)$ を

$$P(\boldsymbol{r},\ t)=\psi^*\psi, \qquad \boldsymbol{S}=-c\psi^*\boldsymbol{\alpha}\psi \tag{12}$$

とおくと，保存則

$$\frac{\partial P}{\partial t}+\mathrm{div}\ \boldsymbol{S}=0 \tag{13}$$

が成り立つ．$\boldsymbol{\alpha}=(\alpha_x,\ \alpha_y,\ \alpha_z)$ は3次元的なので $\boldsymbol{S}$ は3次元のベクトル場である．

【証明】 自由粒子について調べると

$$\frac{\partial\psi}{\partial t}-c\left(\alpha_x\frac{\partial\psi}{\partial x}+\alpha_y\frac{\partial\psi}{\partial y}+\alpha_z\frac{\partial\psi}{\partial z}\right)+\beta\frac{mc^2}{i\hbar}\psi=0$$
$$\frac{\partial\psi^*}{\partial t}-c\left(\frac{\partial\psi^*}{\partial x}\alpha_x+\frac{\partial\psi^*}{\partial y}\alpha_y+\frac{\partial\psi^*}{\partial z}\alpha_z\right)+\beta\frac{mc^2}{i\hbar}\psi^*=0 \tag{14}$$

よって

$$\frac{\partial}{\partial t}(\psi^*\psi)=c\left\{\frac{\partial}{\partial x}(\psi^*\alpha_x\psi)+\frac{\partial}{\partial y}(\psi^*\alpha_y\psi)+\frac{\partial}{\partial z}(\psi^*\alpha_z\psi)\right\}$$
$$=c\,\mathrm{div}\,(\psi^*\boldsymbol{\alpha}\psi) \tag{15}$$ ▮

この保存則は電磁場などがある場合にも成立する.

Tea Time

1933 年前後

ウィグナー（E. Wigner）は 1902 年にハンガリーのブダペストで生まれた．自動車もラジオも，ガスも電気もない時代だったが中産階級の人たちは十分幸福にくらしていた．原子論も量子力学も，相対性理論もなかったし，原子核などに関しては何の知識もなかった，とウィグナーは回想する．

彼の両親はユダヤ人で，父は製革業の管理職にあり，安定した幸福な家族であった．姉は 20 歳で結婚して家を去り，2 歳下の妹のマルギット（マンシー）とウィグナーは小さなことでよくけんかしたが，間もなく仲よしになった．これが将来ディラック夫人となるマンシーである．

当時ブダペストには 80 万の人が住んでいたが，そのうちで約 20 万人はユダヤ人であった．しかしハンガリー議会にいたユダヤ人は 1 人だけであり，それも奇蹟であると思われていた．

ウィグナーは 11 歳のとき肺結核になって，母とオーストリアのサナトリウムへ転地し，することがなくてひとりで初等幾何の勉強をしたりした．肺結核は誤診で 6 週間後に家へ戻った．これらの出来事は短い期間であったが後年の彼を支えているように思われる．

第 1 次大戦とロシアで起こった革命もハンガリーの人たちに大きな影響を与えなかったらしく，そこのユダヤ人はドイツを安全な国と考えるあやまちを犯すことになった.

ウィグナーの父はウィグナーが父の仕事をつぐことを望んだが，彼は物理学の教授になりたいと思うようになった．結局，1921年にウィグナーは化学工学を学ぶためにベルリンの工業高校へ行くが，そこで物理学の勉強をすることになる．他方で広く読んで，フロイトの心理学にひかれるウィグナーであった.

近くにあったベルリン大学で開かれるドイツ物理学会のコロキウムへ出かけて行き，はじめてプランク(M. Planck)，ラウエ(M. Laue)，アインシュタイン(A. Einstein)などの姿を見ることになる．ハイゼンベルク(W. K. Heisenberg)もベルリンにきたときには出席したし，若いパウリ(W. Pauli)もきた．この時代には理論よりも実験が重んじられていた．量子力学に対して多くの人は二の足を踏んでいたし，理論に対して一般にある種の偏見をもっていた.

しかしそれにもかかわらずコロキウムにおける理論物理学者の生き生きとした議論はウィグナーに大きな印象を与えるに十分であった．コロキウムが終わってもウィグナーたちは解散せずにコーヒー店で気炎をあげるのだった.

そうしている間にも第1次大戦後のドイツは凋落の道をたどっていた．失業者はあふれ，ドイツマルクは紙きれと化し，1922年には1ドルが4500マルク，1年後には1兆マルクになった．人々はドイツが共産化されるのをおそれてナチスに与するようになり，1933年にはヒトラーが政権をとるに到るのであった.

ノイマン(J. L. von Neumann, 1903-1957)は『量子力学の数学的基礎』(1932)などで有名であるが，ブダペストにおけるウィグナーの遊び友達であった．彼は秀才で1927年にベルリン大学私講師，1930年にはアメリカのプリンストン大学の数理物理学教授になっている．ノイマンはウィグナーにとって数学の先生でもあったらしい．おそらく当時のアメリカは科学者が不足していたのだろう．1930年に2人はプリンストン大学へ招かれ，1933年にはアメリカへ落ち着いた．1939年にウィグナーは両親をアメリカへよぶことができた.

第 16 講

ディラック行列

―テーマ―

- ◆ α 行列，β 行列の選び方
- ◆ σ 行列
- ◆ γ 行列
- ◆ Tea Time：ディラックとウィグナー

α，β の形

ここで前講（6）を満たす $\boldsymbol{\alpha}=(\alpha_x,\ \alpha_y,\ \alpha_z)$ および β としてはいろいろの表現がありうる．しかし本書では具体的に次のような 4×4 行列を選ぶことにしよう．

$$\alpha_x=\begin{pmatrix}0&0&0&1\\0&0&1&0\\0&1&0&0\\1&0&0&0\end{pmatrix},\qquad \alpha_y=\begin{pmatrix}0&0&0&-i\\0&0&i&0\\0&-i&0&0\\i&0&0&0\end{pmatrix}$$

$$\alpha_z=\begin{pmatrix}0&0&1&0\\0&0&0&-1\\1&0&0&0\\0&-1&0&0\end{pmatrix},\qquad \beta=\begin{pmatrix}1&0&0&0\\0&1&0&0\\0&0&-1&0\\0&0&0&-1\end{pmatrix},\qquad \beta^2=I \tag{1}$$

これは β を対角行列にする表現である．これらが前講（6）を満たすことは容易に確かめられる．

ここで

$$\rho=\begin{pmatrix}0&0&1&0\\0&0&0&1\\1&0&0&0\\0&1&0&0\end{pmatrix},\qquad \rho^2=I \tag{2}$$

を導入すれば

$$\alpha_x=\rho\sigma_x,\qquad \alpha_y=\rho\sigma_y,\qquad \alpha_z=\rho\sigma_z \tag{3}$$

と書かれる．ただしここで σ_x, σ_y, σ_z は σ_z を対角的とする行列（スピン行列）

$$\sigma_x=\begin{pmatrix}0&1&0&0\\1&0&0&0\\0&0&0&1\\0&0&1&0\end{pmatrix},\qquad \sigma_y=\begin{pmatrix}0&-i&0&0\\i&0&0&0\\0&0&0&-i\\0&0&i&0\end{pmatrix}$$
$$\sigma_z=\begin{pmatrix}1&0&0&0\\0&-1&0&0\\0&0&1&0\\0&0&0&-1\end{pmatrix} \tag{4}$$

であって，ρ と β は σ_x, σ_y, σ_z と可換である．すなわち

$$\alpha_x=\rho\sigma_x=\sigma_x\rho \quad \text{など}$$
$$\sigma_x=\rho\alpha_x=\alpha_x\rho \quad \text{など} \tag{5}$$
$$\beta\sigma_x=\sigma_x\beta \quad \text{など}$$

また ρ と β は反可換，すなわち

$$\beta\rho+\rho\beta=0 \tag{6}$$

$\boldsymbol{\sigma}=(\sigma_x,\ \sigma_y,\ \sigma_z)$ の成分は，$\boldsymbol{\alpha}$ の成分と同じく，たがいに反可換である．すなわち

$$\sigma_x\sigma_y+\sigma_y\sigma_x=0,\qquad \sigma_y\sigma_z+\sigma_z\sigma_y=0$$
$$\sigma_z\sigma_x+\sigma_x\sigma_z=0,\qquad {\sigma_x}^2={\sigma_y}^2={\sigma_z}^2=I \tag{7}$$

また

$$\alpha_x\alpha_y=\sigma_x\sigma_y=i\sigma_z$$
$$\alpha_y\alpha_z=\sigma_y\sigma_z=i\sigma_x \tag{8}$$
$$\alpha_z\alpha_x=\sigma_z\sigma_x=i\sigma_y$$

も容易に確かめられる．同様にして

$$\sigma_x\alpha_x-\alpha_x\sigma_x=0$$
$$\sigma_x\alpha_y-\alpha_y\sigma_x=2i\alpha_z \qquad (9)$$
$$\sigma_z\alpha_x-\alpha_x\sigma_z=2i\alpha_y$$

などが示される．

γ_k 行 列

$\boldsymbol{\alpha}$, β の代わりに 4 行 4 列の行列（4×4 行列）

$$\gamma_k=\frac{\beta\alpha_k}{i} \quad (k=1,\ 2,\ 3), \qquad \gamma_4=\beta \qquad (10)$$

もよく使われる．第 15 講 (2) に左から $-\beta/\hbar c$ を掛けると，$p_k=(\hbar/i)\partial/\partial x_k$，$\beta^2=I$ により自由電子に対するディラック方程式は（$E=i\hbar\partial/\partial t=-c\hbar\partial/\partial x_4$）

$$\boxed{\left(\gamma_\mu\frac{\partial}{\partial x_\mu}+\frac{mc}{\hbar}\right)\psi=0} \qquad (11)$$

という簡明な方程式となる．ただしここで

$$x_1=x, \qquad x_2=y, \qquad x_3=z, \qquad x_4=ict \qquad (12)$$

また (11) の左辺で $\gamma_\mu\partial/\partial x_\mu$ は $\mu=1,\ 2,\ 3,\ 4$ について加えた式

$$\gamma_\mu\frac{\partial}{\partial x_\mu}=\gamma_4\frac{\partial}{\partial(ict)}+\gamma_1\frac{\partial}{\partial x_1}+\gamma_2\frac{\partial}{\partial x_2}+\gamma_3\frac{\partial}{\partial x_3} \qquad (13)$$

を意味する（以下でも同様の約束をする）．

ついでに γ_μ 行列を書くと下のようになる．

$$\gamma_4=\beta=\begin{pmatrix}1&0&0&0\\0&1&0&0\\0&0&-1&0\\0&0&0&-1\end{pmatrix}, \quad \gamma_1=\begin{pmatrix}0&0&0&-i\\0&0&-i&0\\0&i&0&0\\i&0&0&0\end{pmatrix}$$
$$\gamma_2=\begin{pmatrix}0&0&0&-1\\0&0&1&0\\0&1&0&0\\-1&0&0&0\end{pmatrix}, \quad \gamma_3=\begin{pmatrix}0&0&-i&0\\0&0&0&i\\i&0&0&0\\0&-i&0&0\end{pmatrix} \qquad (14)$$

Tea Time

ディラックとウィグナー

ディラック（P. A. M. Dirac）は最初電気工学を学んだが就職先がなかったので物理学へ進んだといわれている．ハイゼンベルク（W. K. Heisenberg）の量子力学の論文に刺激されて，これと少し異なる独自の量子力学を発表し，さらに1928年には電子に対する相対論的な量子力学（ディラック方程式）を考え出した．

ウィグナー（E. Wigner）がはじめてディラックに会ったのは1928年で，電磁場の量子力学についてゲッチンゲンで講演したときであった．それから間もなく，ウィグナーはディラックと食事をする機会があっていろいろと科学的な質問をすることができた．ウィグナーはディラックの静かで礼儀正しい態度に感心し，すぐに仲のよい友人になった．

当時のヨーロッパ大陸では，ディラックの仕事はあまり評判にならなかった．多くの人はドイツ語の論文ばかり読んでいて，英語で書かれたディラックのエレガントな考え方は十分理解されなかったらしい．

ウィグナーが1934年に半年間プリンストンに滞在していたとき，妹のマンシーがそこへやってきた．彼女は結婚したのだがわけあって離婚していたのである．ウィグナーはアパートの小さな部屋に住んでいたので，ノイマン夫妻にたのんでマンシーを泊めてもらい，彼女はそこで楽しく暮らすことができた．

その頃ディラックもしばしばプリンストンを訪問し数週間滞在したので，ウィグナーたちとほとんど毎日一緒に食事をし，ディラックは子供だったときのことなどを話した．

ブダペストでウィグナーが生まれる数か月前に，ディラックはイギリスのブリストルで生まれた．彼の父はフランス語の教師だったが，ディラックを厳しくしつけようとした．ディラックが数学と物理学をやりたいというのを父は無理に電気工学の勉強をさせた．ディラックは電気工学をすぐに捨てたが，彼にとってその勉強は無駄でなかったようだ．数学と物理学に対する彼の独創性には，ふつうの数学者や物理学者にない不思議な自由さがある．

彼は常にこういっていたという．自然法則は近似である．しかし近似の有効性と限度は大変微妙である．またこうもいっていたという．世の中には人の話を聞こうとする人よりも，しゃべろうとする人の方が多い．ディラックは聞く方の側にまわったわけである．会話がとぎれたとき，無理に話をする人もあるが，ディラックはそうではない．誰も話す人がなくても，彼は話を聞く態度をくずさなかった．他の人と一緒に食事をすることを好んだが静かな人を好んだ．彼の振舞いは慎み深さを超えるものであったとウィグナーは回想する．しかしそのようなディラックをウィグナーは大変好きになった．

やがてディラックとウィグナーの妹マンシーは愛し合うようになり，1937 年に彼等は結婚した．

第17講

自　由　粒　子

—テーマ

- ◆ 自由粒子のディラック方程式
- ◆ 正負のエネルギー状態
- ◆ 電子のスピン状態
- ◆ Tea Time：震え運動

自由粒子の波動方程式

特殊相対論的なディラック方程式の具体的な例として自由に運動する電子を調べよう．電子は正のエネルギーの状態と負の状態があり，スピンが上向きの状態と下向きの状態があって，そのため 4 つの独立な運動状態がある．

外場がないときのディラック方程式は第 15 講（2）により

$$\left[i\hbar\frac{\partial}{\partial t}+i\hbar c\left(\alpha_x\frac{\partial}{\partial x}+\alpha_y\frac{\partial}{\partial y}+\alpha_z\frac{\partial}{\partial z}\right)-mc^2\beta\right]\psi=0 \tag{1}$$

と書ける．ここで ψ は 4 元ベクトル

$$\psi(\boldsymbol{r},\ t)=\begin{pmatrix}\psi_1\\\psi_2\\\psi_3\\\psi_4\end{pmatrix} \tag{2}$$

であり，$\boldsymbol{\alpha}$, β として前講（1）の表示を用いると

$$\left[i\hbar\frac{\partial}{\partial t}+i\hbar c\left\{\begin{pmatrix}0&0&0&1\\0&0&1&0\\0&1&0&0\\1&0&0&0\end{pmatrix}\frac{\partial}{\partial x}+\begin{pmatrix}0&0&0&-i\\0&0&i&0\\0&-i&0&0\\i&0&0&0\end{pmatrix}\frac{\partial}{\partial y}\right.\right.$$
$$\left.\left.+\begin{pmatrix}0&0&1&0\\0&0&0&-1\\1&0&0&0\\0&-1&0&0\end{pmatrix}\frac{\partial}{\partial z}\right\}-mc^2\begin{pmatrix}1&0&0&0\\0&1&0&0\\0&0&-1&0\\0&0&0&-1\end{pmatrix}\right]\begin{pmatrix}\psi_1\\\psi_2\\\psi_3\\\psi_4\end{pmatrix}=0 \tag{3}$$

すなわち

$$\begin{aligned}
&\left(i\hbar\frac{\partial}{\partial t}-mc^2\right)\psi_1+i\hbar c\left(\frac{\partial\psi_4}{\partial x}-i\frac{\partial\psi_4}{\partial y}+\frac{\partial\psi_3}{\partial z}\right)=0\\
&\left(i\hbar\frac{\partial}{\partial t}-mc^2\right)\psi_2+i\hbar c\left(\frac{\partial\psi_3}{\partial x}+i\frac{\partial\psi_3}{\partial y}-\frac{\partial\psi_4}{\partial z}\right)=0\\
&\left(i\hbar\frac{\partial}{\partial t}+mc^2\right)\psi_3+i\hbar c\left(\frac{\partial\psi_2}{\partial x}-i\frac{\partial\psi_2}{\partial y}+\frac{\partial\psi_1}{\partial z}\right)=0\\
&\left(i\hbar\frac{\partial}{\partial t}+mc^2\right)\psi_4+i\hbar c\left(\frac{\partial\psi_1}{\partial x}+i\frac{\partial\psi_1}{\partial y}-\frac{\partial\psi_2}{\partial z}\right)=0
\end{aligned} \tag{4}$$

となる．自由粒子の一様な運動ではエネルギー E と運動量 $\boldsymbol{p}$ はそれぞれ一定で，波動関数の角振動数を ω，波数ベクトルを $\boldsymbol{k}$ とすれば

$$E=\hbar\omega, \qquad \boldsymbol{p}=\hbar\boldsymbol{k} \tag{5}$$

であり，波動関数 ψ の成分は

$$\begin{aligned}
\psi_i(\boldsymbol{r},\ t)&=u_i(\boldsymbol{p})\mathrm{e}^{i(\boldsymbol{k}\cdot\boldsymbol{r}-\omega t)}\\
&=u_i(\boldsymbol{p})\mathrm{e}^{i(\boldsymbol{p}\cdot\boldsymbol{r}-Et)/\hbar}\quad(i=1,\ 2,\ 3,\ 4)
\end{aligned} \tag{6}$$

と書ける．これを（4）に代入して項の順序を少し変えると

$$\begin{aligned}
&(E-mc^2)u_1-cp_zu_3-c(p_x-ip_y)u_4=0\\
&(E-mc^2)u_2-c(p_x+ip_y)u_3+cp_zu_4=0\\
&-cp_zu_1-c(p_x-ip_y)u_2+(E+mc^2)u_3=0\\
&-c(p_x+ip_y)u_1+cp_zu_2+(E+mc^2)u_4=0
\end{aligned} \tag{7}$$

を得る．これを u_1, u_2, u_3, u_4 に対する同次方程式と見て $\varepsilon\boldsymbol{u}=0$ と書くと，$\boldsymbol{u}=0$ でない解をもつための条件は $\det\varepsilon=0$ であって，計算すると

$$\det\varepsilon=(E^2-m^2c^4-c^2p^2)^2=0 \tag{8}$$

となる．すなわち $\boldsymbol{u}=0$ でない解が得られるのは E の値が

$$E_+=E_p=\sqrt{m^2c^4+c^2p^2} \tag{9}$$

のときと

$$E_-=-E_p=-\sqrt{m^2c^4+c^2p^2} \tag{10}$$

のときであることがわかる．粒子は正のエネルギー E_p か，負のエネルギー $-E_p$ をもつのである．粒子のエネルギーが負であるような運動は古典力学では理解できず，相対論的には許されるが，これについては後に再び述べることにする．

波動関数

波動関数 ψ が4成分(ψ_1, ψ_2, ψ_3, ψ_4)をもつのは，エネルギーに正負(E_p と $-E_p$)の2つがあるためと，電子がスピンという2つの自由度があるためである．スピンについてはまた後に述べる（第18講）が，スピンはスピン角運動量

$$\boldsymbol{s}=\frac{\hbar}{2}\boldsymbol{\sigma} \tag{11}$$

（$\boldsymbol{\sigma}$ は前講（4））のスピン演算子 $\boldsymbol{\sigma}=(\sigma_x,\ \sigma_y,\ \sigma_z)$ の z 成分

$$s_z=\frac{\hbar}{2}\begin{pmatrix}1&0&0&0\\0&-1&0&0\\0&0&1&0\\0&0&0&-1\end{pmatrix} \tag{12}$$

の固有値で分類する．たとえばこのすぐあとの(16)の解の成分が $u^{(2)}=(0,\ 1,\ 0,\ 0)$ ならば

$$s_zu=\frac{\hbar}{2}\begin{pmatrix}1&0&0&0\\0&-1&0&0\\0&0&1&0\\0&0&0&-1\end{pmatrix}\begin{pmatrix}0\\1\\0\\0\end{pmatrix}=-\frac{\hbar}{2}\begin{pmatrix}0\\1\\0\\0\end{pmatrix}=-\frac{\hbar}{2}u \tag{13}$$

であるから，そのスピンは $-\hbar/2$（下向き）である．またもしも $s_zu=(\hbar/2)u$ ならばそのスピンは $+\hbar/2$（上向き）である．

4つの独立な（7）の解をエネルギーの正負とスピンの↑↓によって分類すると次のようになる．

（i）　正エネルギー（E_+），スピン↑の解 $u^{(1)}$

$$u^{(1)}=\begin{pmatrix} 1 \\ 0 \\ \dfrac{cp_z}{E_p+mc^2} \\ \dfrac{c(p_x+ip_y)}{E_p+mc^2} \end{pmatrix} \tag{14}$$

ここで

$$p^2=p_x{}^2+p_y{}^2+p_z{}^2, \qquad E_p=\sqrt{c^2p^2+m^2c^4} \tag{15}$$

である．電子が静止した極限 $p\to 0$ でこの解は $(1, 0, 0, 0)$ になるから，スピンが↑なことが明らかである．

（ii） 正エネルギー（E_+），スピン↓の解 $u^{(2)}$

$$u^{(2)}=\begin{pmatrix} 0 \\ 1 \\ \dfrac{c(p_x-ip_y)}{E_p+mc^2} \\ \dfrac{-cp_z}{E_p+mc^2} \end{pmatrix} \tag{16}$$

$p\to 0$ でこの解は $(0, 1, 0, 0)$ になる．

（iii） 負エネルギー（E_-），スピン↑の解 $u^{(3)}$

$$u^{(3)}=\begin{pmatrix} \dfrac{cp_z}{E_p+mc^2} \\ \dfrac{c(p_x+ip_y)}{E_p+mc^2} \\ 1 \\ 0 \end{pmatrix} \tag{17}$$

$p\to 0$ でこの解は $(0, 0, 1, 0)$ になる．

（iv） 負エネルギー（E_-），スピン↓の解 $u^{(4)}$

$$u^{(4)}=\begin{pmatrix} \dfrac{c(p_x-ip_y)}{E_p+mc^2} \\ \dfrac{cp_z}{E_p+mc^2} \\ 0 \\ 1 \end{pmatrix} \tag{18}$$

$p\to 0$ でこの解は (0, 0, 0, 1) になる．

なお，たとえば $u^{(1)}$ に対して

$$u^{(1)*}u^{(1)}=1+\frac{c^2p^2}{(E_p+mc^2)^2}=\frac{E_p{}^2+2mc^2E_p+(m^2c^4+c^2p^2)}{(E_p+mc^2)^2}$$
$$=\frac{2E_p(E_p+mc^2)}{(E_p+mc^2)^2}=\frac{2E_p}{E_p+mc^2} \tag{19}$$

となり，他の解についても同様である．したがって $\psi^*\psi=1$ に規格化するには，上の解に $\sqrt{(E_p+mc^2)/2E_p}$ を掛ければよい．

Tea Time

震え運動

電子はディラック方程式にしたがうが，その振舞いには大変奇妙なことがいくつかあり，それらはたがいに深く関係し合っていることが知られている．

その１つは，自由な電子の速度成分を正確に測定すれば常に光速度であるという一見大変不思議なことである．実際の電子の波束は光速度より小さい速度で運動しているから，電子は波束の中で微細な運動をしていると解釈され，これは震え運動 (Zitterbewegung，ジグザグ運動) と呼ばれているもので，1930 年にシュレーディンガー (E. Schrödinger) により，ディラック方程式をハイゼンベルクの運動方程式の方法で扱うことによって示された．その一部を次に紹介する．

電子の座標 x の時間的変化，すなわち速度を $\dot{x}$ とすると，ハイゼンベルク型の運動方程式は

$$\dot{x}=\frac{1}{i\hbar}[x,\ H]=\frac{1}{i\hbar}(xH-Hx)$$

であるが，自由なディラック粒子（ディラック方程式にしたがう粒子）では

$$H=-c\alpha\cdot\boldsymbol{p}-mc^2$$

であるから

$$\dot{x}=\frac{c}{i\hbar}\alpha_x\frac{\hbar}{i}\left(\frac{\partial}{\partial x}x-x\frac{\partial}{\partial x}\right)=-c\alpha_x$$

となる．これは流れ $\boldsymbol{S}$ の空間部分が $\psi^*\boldsymbol{\alpha}\psi$ であること（第 15 講 (12) 参照）に符

合している．$\boldsymbol{\alpha}$ の成分はたがいに非可換であって同時に対角化できないから，たとえば x 方向の速度成分だけが 0 でなくて他の成分がすべて 0 であることはあり得ない．したがってディラック粒子は速度にゆらぎがあって直進できないことになる（これは力の場がある場合でも成り立つ）．$\boldsymbol{\alpha}$ の任意の 1 成分を対角化すると固有値は ±1 であるから自由なディラック粒子の勝手な方向の速度成分を観測すると常に $+c$，あるいは $-c$ という値が得られることになる（なお $\boldsymbol{\alpha}^2=I$ であるから $\dot{x}^2=c^2I$ である）．粒子の速度が $\pm c$ であるという事実は次のように解釈することができる．

粒子の速度を完全に精密に測ろうとすれば，相つぐ 2 つの時刻における粒子の位置を正確に知らなければならないが，このとき不確定性原理により，粒子の運動量は全く不定になるので，運動量の期待値は常に無限大だということになる．相対論的には運動量は光速度（$\pm c$）で無限大になるから，このことは速度の期待値は常に $\pm c$ であることを物語っている．

なお，震え運動のくわしいことについては以下の文献などを参照のこと．

湯川秀樹，豊田利幸編：『量子力学 I』岩波講座現代物理の基礎（第 2 版），岩波書店（1978）；第 7 章「量子力学と相対論」（江沢　洋著）

P. A. M. Dirac : *The Principles of Quantum Mechanics* (2nd ed.), Oxford at the Clarendon Press (1935), pp. 260-262．邦訳は P. ディラック，朝永振一郎ほか訳：量子力学（第 4 版），岩波書店（1968）

L. I. Schiff : *Quantum Mechanics*, McGraw-Hill (1948), p. 316．邦訳は井上健訳：量子力学，上・下，吉岡書店（1972）

第 18 講

電磁場と電子の磁気モーメント

―テーマ

- ◆ 電磁場
- ◆ ベクトル公式
- ◆ Tea Time：電子のスピン

電磁場がある場合

スカラーポテンシャルを V，ベクトルポテンシャルを $\boldsymbol{A}$ とするとエネルギー E に対する相対論的な式は，第 14 講（1）の代わりに

$$(E+eV)^2=(c\boldsymbol{p}+e\boldsymbol{A})^2+m^2c^4 \tag{1}$$

となる（電子の電荷を $-e$ とする）．ハミルトニアンは第 15 講（1）の代わりに

$$H=c\boldsymbol{\alpha}\cdot\left(\boldsymbol{p}+\frac{e}{c}\boldsymbol{A}\right)-eV+\beta mc^2 \tag{2}$$

ディラック方程式は

$$\left[\frac{E}{c}+\frac{e}{c}V-\boldsymbol{\alpha}\cdot\left(\boldsymbol{p}+\frac{e}{c}\boldsymbol{A}\right)-\beta mc\right]\psi=0 \qquad \left(E=i\hbar\frac{\partial}{\partial t},\quad \boldsymbol{p}=\frac{\hbar}{i}\nabla\right) \tag{3}$$

となる．

そこでこの式に左から

$$\frac{E}{c}+\frac{e}{c}V+\boldsymbol{\alpha}\cdot\left(\boldsymbol{p}+\frac{e}{c}\boldsymbol{A}\right)+\beta mc \tag{4}$$

を掛けると

$$\begin{aligned}&\left[\left(\frac{E}{c}+\frac{e}{c}V\right)^2-\left\{\boldsymbol{\alpha}\cdot\left(\boldsymbol{p}+\frac{e}{c}\boldsymbol{A}\right)\right\}^2-m^2c^2\right.\\&\left.+\left(\frac{E}{c}+\frac{e}{c}V\right)\boldsymbol{\alpha}\cdot\left(\boldsymbol{p}+\frac{e}{c}\boldsymbol{A}\right)-\boldsymbol{\alpha}\cdot\left(\boldsymbol{p}+\frac{e}{c}\boldsymbol{A}\right)\left(\frac{E}{c}+\frac{e}{c}V\right)\right]\psi=0\end{aligned} \tag{5}$$

を得る．この左辺最後の 2 項の物理的な意味は次々節で考える．

ベクトル公式

ここでしばしば使う一般的なベクトル公式

$$\boxed{\begin{aligned}(\boldsymbol{\alpha}\cdot\boldsymbol{P})(\boldsymbol{\alpha}\cdot\boldsymbol{Q})&=(\boldsymbol{\sigma}\cdot\boldsymbol{P})(\boldsymbol{\sigma}\cdot\boldsymbol{Q})\\&=\boldsymbol{P}\cdot\boldsymbol{Q}+i\boldsymbol{\sigma}\cdot\boldsymbol{P}\times\boldsymbol{Q}\end{aligned}} \tag{6}$$

を証明しておこう．ただしここで $\boldsymbol{P}$, $\boldsymbol{Q}$ は $\boldsymbol{\sigma}$（したがって，また $\boldsymbol{\alpha}$）と可換な任意のベクトル（3 次元ベクトル）とする．$\boldsymbol{\alpha}\cdot\boldsymbol{P}$ などはスカラー積，すなわち

$$\boldsymbol{\alpha}\cdot\boldsymbol{P}=\alpha_xP_x+\alpha_yP_y+\alpha_zP_z \quad \text{など} \tag{7}$$

であり，$\boldsymbol{P}\times\boldsymbol{Q}$ はベクトル積である．

【証明】 x, y, z を循環させた和を $\sum_{xyz}$ と書けば

$$\begin{aligned}(\boldsymbol{\alpha}\cdot\boldsymbol{P})(\boldsymbol{\alpha}\cdot\boldsymbol{Q})&=\sum_{xyz}(\alpha_x{}^2P_xQ_x+\alpha_x\alpha_yP_xQ_y+\alpha_y\alpha_xP_yQ_x)\\&=\sum_{xyz}\{P_xQ_x+i\sigma_z(P_xQ_y-Q_yP_x)\}\\&=\boldsymbol{P}\cdot\boldsymbol{Q}+i\boldsymbol{\sigma}\cdot\boldsymbol{P}\times\boldsymbol{Q}\end{aligned} \tag{8}$$

同様に $(\boldsymbol{\sigma}\cdot\boldsymbol{P})(\boldsymbol{\sigma}\cdot\boldsymbol{Q})$ を計算すれば，$\sigma_x{}^2=1$，$\sigma_x\sigma_y=-\sigma_y\sigma_x=i\sigma_z$ などにより，同じ結果が得られる． ∎

【注意】 ここで次のことを注意しておこう．(8) において $\boldsymbol{P}\times\boldsymbol{Q}$ は，たとえば

$$(\boldsymbol{P}\times\boldsymbol{Q})_z=P_xQ_y-P_yQ_x \tag{9}$$

を意味する．古典的なベクトルでは $\boldsymbol{P}=\boldsymbol{Q}$ のとき $\boldsymbol{P}\times\boldsymbol{Q}=0$ になるが，量子力学

のベクトルは演算子で，成分は一般に可換でないために $\boldsymbol{P}=\boldsymbol{Q}$ であっても $\boldsymbol{P}\times\boldsymbol{Q}=\boldsymbol{P}\times\boldsymbol{P}$ は0になるとは限らない．たとえば，角運動量 $\boldsymbol{L}=\boldsymbol{r}\times\boldsymbol{p}$ について $\boldsymbol{L}\times\boldsymbol{L}$ の z 成分を計算すれば

$$\begin{aligned}(\boldsymbol{L}\times\boldsymbol{L})_z&=L_xL_y-L_yL_x\\&=(yp_z-zp_y)(zp_x-xp_z)-(zp_x-xp_z)(yp_z-zp_y)\\&=-xp_y(p_zz-zp_z)+yp_x(p_zz-zp_z)\\&=-\frac{\hbar}{i}(xp_y-yp_x)=i\hbar L_z\end{aligned}\tag{10}$$

となる．x 成分と y 成分についても同様で $\boldsymbol{L}\times\boldsymbol{L}\neq 0$ である．　■

電子の磁気モーメント

さて (6) において $\boldsymbol{P}=\boldsymbol{Q}=\boldsymbol{p}+(e/c)\boldsymbol{A}$ とすると右辺第2項 $\boldsymbol{P}\times\boldsymbol{Q}$ は

$$\begin{aligned}\left(\boldsymbol{p}+\frac{e}{c}\boldsymbol{A}\right)\times\left(\boldsymbol{p}+\frac{e}{c}\boldsymbol{A}\right)&=\frac{e}{c}(\boldsymbol{p}\times\boldsymbol{A}+\boldsymbol{A}\times\boldsymbol{p})\\&=\frac{\hbar}{i}\frac{e}{c}\,\mathrm{rot}\,\boldsymbol{A}=\frac{\hbar}{i}\frac{e}{c}\boldsymbol{B}\end{aligned}\tag{11}$$

となる．ただし，ここで $\boldsymbol{p}$ は運動量 ($\boldsymbol{p}=-i\hbar\nabla$)，$\boldsymbol{A}$ はベクトルポテンシャルであり，磁場を $\boldsymbol{B}$ として $\boldsymbol{B}=\mathrm{rot}\,\boldsymbol{A}$ であることを用いた．故に (6) から

$$\left\{\boldsymbol{\alpha}\cdot\left(\boldsymbol{p}+\frac{e}{c}\boldsymbol{A}\right)\right\}^2=\left(\boldsymbol{p}+\frac{e}{c}\boldsymbol{A}\right)^2+\hbar\frac{e}{c}\boldsymbol{\sigma}\cdot\boldsymbol{B}\tag{12}$$

さらに

$$\begin{aligned}&\left(\frac{E}{c}+\frac{e}{c}V\right)\boldsymbol{\alpha}\cdot\left(\boldsymbol{p}+\frac{e}{c}\boldsymbol{A}\right)-\boldsymbol{\alpha}\cdot\left(\boldsymbol{p}+\frac{e}{c}\boldsymbol{A}\right)\left(\frac{E}{c}+\frac{e}{c}V\right)\\&=\frac{e}{c}\boldsymbol{\alpha}\cdot\left(\frac{E}{c}\boldsymbol{A}-\boldsymbol{A}\frac{E}{c}+V\boldsymbol{p}-\boldsymbol{p}V\right)\\&=-\frac{\hbar}{i}\frac{e}{c}\boldsymbol{\alpha}\cdot\left(\frac{1}{c}\frac{\partial\boldsymbol{A}}{\partial t}+\nabla V\right)=\frac{\hbar}{i}\frac{e}{c}(\boldsymbol{\alpha}\cdot\boldsymbol{E})\end{aligned}\tag{13}$$

ここで電場 $\boldsymbol{E}=-\nabla V-\partial\boldsymbol{A}/\partial t$ を用いた．

したがって (5) は

$$\left[\left(\frac{E}{c}+\frac{e}{c}V\right)^2-\left(\boldsymbol{p}+\frac{e}{c}\boldsymbol{A}\right)^2-m^2c^2-\frac{e\hbar}{c}\boldsymbol{\sigma}\cdot\boldsymbol{B}-\frac{i\hbar e}{c}\boldsymbol{\alpha}\cdot\boldsymbol{E}\right]\psi=0\tag{14}$$

となる.

(14) においてはじめの 3 項は電磁場 (iV, A) があるときのクライン-ゴルドン方程式を与える. そして次の項 $(e\hbar/c)\boldsymbol{\sigma}\cdot\boldsymbol{B}$ は磁場 $\boldsymbol{B}$ と電子との相互作用であるから $(e\hbar/c)\boldsymbol{\sigma}$ は電子の磁気モーメントに比例した量である. これを調べるため, 非相対論的な近似を考えよう.

まず

$$E=mc^2+E', \qquad E', |eV| \ll mc^2 \tag{15}$$

とすると

$$\begin{aligned}(E+eV)^2-m^2c^4&=(mc^2+E'+eV)^2-m^2c^4\\&\cong 2mc^2(E'+eV)\end{aligned} \tag{16}$$

となるので (14) は非相対論的な波動方程式 $(E' \to i\hbar\partial/\partial t)$

$$i\hbar\frac{\partial\psi}{\partial t}=\left[\frac{1}{2m}\left(\boldsymbol{p}+\frac{e}{c}\boldsymbol{A}\right)^2-eV+\frac{e\hbar}{2mc}\boldsymbol{\sigma}\cdot\boldsymbol{B}+\frac{ie\hbar}{2mc}\boldsymbol{\alpha}\cdot\boldsymbol{E}\right]\psi \tag{17}$$

を与える (電子の電荷は $-e$). この右辺の [ ] の中はエネルギーであるから, $-(e\hbar/2mc)\boldsymbol{\sigma}\cdot\boldsymbol{B}$ は磁場 $\boldsymbol{B}$ の中の電子のエネルギーである. したがって電子は

$$\boxed{\boldsymbol{\mu}_{\mathrm{s}}=\frac{e\hbar}{2mc}\boldsymbol{\sigma}} \tag{18}$$

で表される磁気モーメント (スピンによる磁気双極子) をもち, 磁場 $\boldsymbol{B}$ との相互作用のエネルギーは

$$E_{\mathrm{s}}=-\boldsymbol{\mu}_{\mathrm{B}}\cdot\boldsymbol{B} \tag{19}$$

で与えられる. 電子の磁気モーメントの大きさ

$$\mu_{\mathrm{B}}=\frac{e\hbar}{2mc} \tag{20}$$

をボーア磁子という.

【補注】 (17) の右辺第 4 項 $(ie\hbar/2mc)\boldsymbol{\alpha}\cdot\boldsymbol{E}$ は, 虚数であることからも推察されるようにエネルギーの値と解釈されない. この項の大きさは eV に比べて $(v/c)^2$ の程度, すなわち電子の速度 v と光速度 c の比の 2 乗の程度である.

このように (17) の最後の項 $\boldsymbol{\alpha}\cdot\boldsymbol{E}$ は古典的に解釈できない. これはディラック

方程式が相対性理論のローレンツ変換に対して不変な形を保つために必要な項であるが，非相対論的近似では無視すべきものである．

Tea Time

電子のスピン

電子のスピンは磁場をかけたときに原子のスペクトルが分かれることや，元素の周期律と電子のエネルギー準位との関係を説明するためにパウリ(W. Pauli)によって導入された(1924年)．古典的には電子の自転と解釈されるが，量子力学的には素粒子の1つの特性とみなされる内部自由度である．ディラックの量子力学的方程式では，特殊相対論的な要請として電子の磁気モーメントと共に導かれる．電子のスピンにもとづく角運動量の大きさは $\hbar/2$ である．

電子は軌道運動による磁気モーメントもあり，その単位（ボーア磁子）は $\mu_B = e\hbar/2mc$ であり，電子のスピンによる磁気モーメントのディラック方程式による値は μ_B に等しいが，実際には μ_B より約0.116％だけ大きい．これは量子電磁気学的効果によるものである．ちなみに陽子の質量を M_p とするとディラック方程式によるその磁気モーメントは $e\hbar/2M_pc$ となるはずであるが，実際にはその約2.79倍（中性子は-1.91倍）であって，このちがいは陽子（や中性子）がクォークから構成されているためである．

セグレ（E. G. Segrè）の『X線からクォークまで』（p. 185）に面白い話がある．クローニッヒ（R. Kronig）という人は原子のスペクトルの研究から，電子が磁気モーメントとスピンをもっていることを考えついたが，透徹した批判力で知られていたパウリの意見をきいたところ，その考えには誤りがあるといわれて論文をひっこめてしまった．同じ頃ウーレンベック（G. E. Uhlenbeck）とハウトスミット(S. A. Goudsmit)も同じことを考えたが，パウリの批判を耳にして，それをもっともだと思った．しかし彼等はすでに論文をある雑誌に掲載するために送ってしまっていたので，それを取り下げようとしたところ，彼らの先生だったエーレンフェスト(P. Ehrenfest)は，彼らはまだ若いのだから少しぐらい怪しげな論文を出してもかまわないだろうといって取り下げに反対した．その後パウリの批判は正しくなかったことが判明した．そして電子のスピンの発見はクローニッヒでなく，ウーレンベックとハウシュミットに帰されることになった．

これは学術雑誌の機能について考えさせられる一件である．

第19講

角 運 動 量

—テーマ

◆ 角運動量の保存

◆ スピンと軌道角運動量

◆ $\boldsymbol{M}^2$, M_z, $M^{\pm}$

◆ Tea Time：磁気モーメント

角運動量の保存

球対称のポテンシャルの場（中心力場）では角運動量が保存される（時間的に変わらない）．これは古典力学でよく知られた法則であるが，ディラック電子では電子がスピン角運動量をもち，軌道運動の角運動量をもつ．これらは別々に保存されない．しかしこれら2つの角運動量を合わせた全角運動量は（球対称の場の場合）保存される．まずこれを示すことにしよう．

中心力の静電場の場合を考え $\boldsymbol{A}(\boldsymbol{r},\ t)=0$, $V(\boldsymbol{r},\ t)=V(r)$ とおくと，波動方程式の第18講（2）は

$$
\begin{gathered}
i\hbar\frac{\partial\psi}{\partial t}=H\psi \\
H=c\boldsymbol{\alpha}\cdot\boldsymbol{p}+\beta mc^2-eV(r)
\end{gathered}
\tag{1}
$$

となる．古典力学的に考えると $V(r)$ が中心力なので軌道運動の原点のまわりの角運動量

$$
\boldsymbol{L}=\boldsymbol{r}\times\boldsymbol{p} \tag{2}
$$

は定数であることが期待されるが実はそうではない．これを調べるため $\boldsymbol{L}$ の x 成分の時間変化を計算すると

$$
\begin{aligned}
i\hbar\frac{dL_x}{dt} &= L_xH - HL_x \\
&= (yp_z - zp_y)(-c\boldsymbol{\alpha}\cdot\boldsymbol{p}) + c\boldsymbol{\alpha}\cdot\boldsymbol{p}(yp_z - zp_y) \\
&= c\boldsymbol{\alpha}\cdot[(yp_z - zp_y)\boldsymbol{p} - \boldsymbol{p}(yp_z - zp_y)] \\
&= i\hbar c(\alpha_z p_y - \alpha_y p_z) \qquad (3)
\end{aligned}
$$

となるが，これは消えないので $\boldsymbol{L}$ は運動の定数ではないことになる．

しかし同じようなことが σ_x についてもおこる．すなわち

$$
\begin{aligned}
i\hbar\frac{d\sigma_x}{dt} &= \sigma_x H - H\sigma_x \\
&= -c(\sigma_x\boldsymbol{\alpha}\cdot\boldsymbol{p} - \boldsymbol{\alpha}\cdot\boldsymbol{p}\sigma_x) \\
&= -c(\sigma_x\boldsymbol{\alpha} - \boldsymbol{\alpha}\sigma_x)\cdot\boldsymbol{p} \qquad (4)
\end{aligned}
$$

となるが，ここで

$$
\sigma_x\alpha_x - \alpha_x\sigma_x = 0, \qquad \sigma_x\alpha_y - \alpha_y\sigma_x = 2i\alpha_z, \qquad \sigma_x\alpha_z - \alpha_z\sigma_x = -2i\alpha_y \qquad (5)
$$

よって

$$
i\hbar\frac{d\sigma_x}{dt} = -2ic(\alpha_z p_y - \alpha_y p_z) \qquad (6)
$$

となる．

そこで

$$
\boxed{\boldsymbol{s} = \frac{1}{2}\hbar\boldsymbol{\sigma}} \qquad (7)
$$

を導入すれば

$$
\frac{d}{dt}(\boldsymbol{L} + \boldsymbol{s}) = 0 \qquad (8)
$$

すなわち $\boldsymbol{L}+\boldsymbol{s}$ は保存される．$\boldsymbol{L}$ が軌道運動の角運動量であるのに対して，$\boldsymbol{s}$ は電子のスピン角運動量を表す．

$$
\boldsymbol{M} = \boldsymbol{L} + \boldsymbol{s} = \boldsymbol{L} + \frac{1}{2}\hbar\boldsymbol{\sigma} \qquad (9)
$$

は全角運動量であり，ここで示されたように中心力場 $V(r)$ における保存量である．

全角運動量の保存

前節で述べた角運動量の保存の法則は，多電子系でも全角運動量に対して成立する．ちがう電子の $(\boldsymbol{r},\ \boldsymbol{p})$ はたがいに可換であるからである．スピン角運動量がある場合もちがう電子のスピンは可換で，軌道角運動量とも可換なので，全角運動量の法則はそのままで成り立つ．

ディラック方程式ではスピン角運動量が自然にとり入れられていたが，多電子の角運動量の和が全角運動量であるとすると，全角運動量 $\boldsymbol{M}=(M_x,\ M_y,\ M_z)$ について交換関係

$$[M_x,\ M_y]=i\hbar M_z,\quad [M_y,\ M_z]=i\hbar M_x,\quad [M_z,\ M_x]=i\hbar M_y \tag{10}$$

$([A,\ B]=AB-BA)$ が導かれる．(10) の方が運動量を $\boldsymbol{r}\times\boldsymbol{p}$ で定義するよりも一般的で基本的である．さらに $\boldsymbol{M}$ の 3 つの成分 M_x, M_y, M_z は

$$\boldsymbol{M}^2={M_x}^2+{M_y}^2+{M_z}^2 \tag{11}$$

と可換である．たとえば (10) により

$$\begin{aligned}[M_z,\ \boldsymbol{M}^2]&=M_z{M_x}^2-{M_x}^2M_z+M_z{M_y}^2-{M_y}^2M_z\\&=(M_xM_z+i\hbar M_y)M_x-M_x(M_zM_x-i\hbar M_y)\\&\quad+(M_yM_z-i\hbar M_x)M_y-M_y(M_zM_y+i\hbar M_x)=0\end{aligned} \tag{12}$$

したがって，$\boldsymbol{M}$ の 1 つの成分 (M_z としよう) と $\boldsymbol{M}^2$ は同時に対角化でき，そのときの対角成分がそれぞれ M_z と $\boldsymbol{M}^2$ の固有値で保存される．

ここで

$$M^{\pm}=M_x\pm iM_y \tag{13}$$

を定義すると

$$\boldsymbol{M}^2={M_z}^2+\frac{1}{2}(M^+M^-+M^-M^+) \tag{14}$$

となり，交換関係 (10) と同等な交換関係

$$[\boldsymbol{M}^2,\ M^+]=0,\quad [M_z,\ M^+]=\hbar M^+,\quad [M^+,\ M^-]=2\hbar M_z \tag{15}$$

が得られる．この方が (10) よりも扱いやすい．$M^{\pm}$ が求められれば M_x, M_y は

$$M_x=\frac{1}{2}(M^-+M^+), \qquad M_y=\frac{1}{2}i(M^--M^+) \tag{16}$$

で与えられる．

$\boldsymbol{M}^2$ と M_z の固有値

上に述べたように $\boldsymbol{M}^2$ と M_z は同時に対角化でき，これらの固有値の個数は等しい．$\boldsymbol{M}^2$ と M_z を対角化したときの対角成分がそれぞれの固有値である．固有値の個数を n で表そう．$\boldsymbol{M}^2$ と M_z は $n\times n$ 行列になる．これらを対角行列にしたとき，下の行列が (15) の解を与えることが容易に確かめられる（$n=1$ の解はない）．下の諸式の j については (20) を参照せよ．

【$n=2$ のとき】（$j=1/2$）

$$M^+=\hbar\begin{pmatrix}0 & 1\\ 0 & 0\end{pmatrix}, \qquad M^-=\hbar\begin{pmatrix}0 & 0\\ 1 & 0\end{pmatrix}$$
$$M_z=\frac{\hbar}{2}\begin{pmatrix}1 & 0\\ 0 & -1\end{pmatrix}, \qquad \boldsymbol{M}^2=\frac{3}{4}\hbar^2\begin{pmatrix}1 & 0\\ 0 & 1\end{pmatrix} \tag{17}$$

【$n=3$ のとき】（$j=1$）

$$M^+=\hbar\begin{pmatrix}0 & \sqrt{2} & 0\\ 0 & 0 & \sqrt{2}\\ 0 & 0 & 0\end{pmatrix}, \qquad M^-=\hbar\begin{pmatrix}0 & 0 & 0\\ \sqrt{2} & 0 & 0\\ 0 & \sqrt{2} & 0\end{pmatrix}$$
$$M_z=\hbar\begin{pmatrix}1 & 0 & 0\\ 0 & 0 & 0\\ 0 & 0 & -1\end{pmatrix}, \qquad \boldsymbol{M}^2=2\hbar^2\begin{pmatrix}1 & 0 & 0\\ 0 & 1 & 0\\ 0 & 0 & 1\end{pmatrix} \tag{18}$$

【$n=4$ のとき】（$j=3/2$）

$$M^+=\hbar\begin{pmatrix}0 & \sqrt{3} & 0 & 0\\ 0 & 0 & 2 & 0\\ 0 & 0 & 0 & \sqrt{3}\\ 0 & 0 & 0 & 0\end{pmatrix}, \qquad M^-=\sqrt{3}\hbar\begin{pmatrix}0 & 0 & 0 & 0\\ \sqrt{3} & 0 & 0 & 0\\ 0 & 2 & 0 & 0\\ 0 & 0 & \sqrt{3} & 0\end{pmatrix}$$
$$M_z=\frac{\hbar}{2}\begin{pmatrix}3 & 0 & 0 & 0\\ 0 & 1 & 0 & 0\\ 0 & 0 & -1 & 0\\ 0 & 0 & 0 & -3\end{pmatrix}, \qquad \boldsymbol{M}^2=\frac{15}{4}\hbar^2\begin{pmatrix}1 & 0 & 0 & 0\\ 0 & 1 & 0 & 0\\ 0 & 0 & 1 & 0\\ 0 & 0 & 0 & 1\end{pmatrix} \tag{19}$$

これらの解から

$$M_z=(-j,\ -j+1,\ \cdots,\ j-1,\ j)\hbar$$

$$\boldsymbol{M}^2=j(j+1)\hbar^2,\qquad j=\frac{1}{2},\ 1,\ \frac{3}{2},\ \cdots \tag{20}$$

であることがわかる．この結果が一般的に正しいことが証明できる．一般的で代数的な証明を見たい読者は

L. I. Schiff：*Quantum Mechanics*, McGraw-Hill (1948)

を参照してほしい．

Tea Time

磁気モーメント

磁石において磁極の強さを m，南北の磁極の距離を l とすれば $\mu=ml$ が磁気モーメントである．また，電流 i が流れている半径 r の円環は遠方からみると $\mu\propto i/r$ の磁気モーメントに等しい．原子は電子の軌道運動とスピンの磁気モーメントをもつのが一般である．

磁気モーメントをもつ原子を不均一磁場の中におくと磁場の勾配の方向に力を受け，その力は勾配方向の磁気モーメントの成分によってちがう．そのためたとえば炉の中においた金属の蒸気の流れ（原子線）に垂直な方向に磁場をかけると，原子線はいくつかに分かれ，それによって原子の磁気モーメントの大きさが測定できる．シュテルン（O. Stern）とゲルラッハ（W. Gerlach）はこのような実験をはじめておこなった（1922年）．

後に原子線を用いた磁気共鳴（高周波の共鳴的吸収）の方法により電子や核の磁気モーメントをくわしく測定したラビ（I. I. Rabi，第28講参照）は一時シュテルンの研究室にいたことがある．

原子のスペクトルが磁場をかけたときにいくつかに分かれることがある（ゼーマン効果）．ランデ（A. Landé）はこの効果を非常に正確に表す半経験的な式（ランデの g 公式）を見つけたが，これを実験に合うようにするには角運動量が $\hbar$ の倍数でなく $\hbar/2$ の倍数としなければならない場合も見出された．これを異常ゼー

マン効果という.

シュテルンとゲルラッハの実験や異常ゼーマン効果は電子にスピンがあることを示唆するものであった.

第 20 講

中　心　力　場

— テーマ

- ◆ 極座標
- ◆ 全角運動量
- ◆ Tea Time：月と連星の角運動量

極　座　標

水素原子の中の電子のように中心力を受けて運動する電子を扱うには極座標を用いるのがよい．そこで極座標に移り，中心力場に特有な保存量(角運動量など)を導入してディラック方程式を書き直すことにする．

中心力場に対するディラック方程式は極座標を用いて厳密に解くことができる．スピンと軌道運動の相互作用があるので，非相対論的なシュレーディンガー方程式の解法に比べてやや複雑になるのは仕方がない．水素原子を念頭におき，電子に対するハミルトニアン

$$H=c\boldsymbol{\alpha}\cdot\boldsymbol{p}+\beta mc^2-eV(r) \tag{1}$$

から出発する．まず

$$\boxed{p_r=\frac{1}{r}(\boldsymbol{r}\cdot\boldsymbol{p}-i\hbar), \qquad \alpha_r=\frac{1}{r}\boldsymbol{\alpha}\cdot\boldsymbol{r}} \tag{2}$$

を導入する．これらはエルミート的演算子であることが示される(証明略)．また

軌道角運動量 $\boldsymbol{L}=\boldsymbol{r}\times\boldsymbol{p}$ を用い

$$\boxed{\hbar k=\beta(\boldsymbol{\sigma}\cdot\boldsymbol{L}+\hbar)} \tag{3}$$

で定義される k を導入する．ここで $\beta^2=I$ および $\boldsymbol{r}$，$\boldsymbol{p}$ が $\boldsymbol{\alpha}$ と可換であることに注意すると，第18講（6）により

$$\begin{aligned}(\boldsymbol{\alpha}\cdot\boldsymbol{r})(\boldsymbol{\alpha}\cdot\boldsymbol{p})&=\boldsymbol{r}\cdot\boldsymbol{p}+i\boldsymbol{\sigma}\cdot(\boldsymbol{r}\times\boldsymbol{p})\\&=rp_r+i\hbar+i\boldsymbol{\sigma}\cdot\boldsymbol{L}=rp_r+i\hbar\beta k\end{aligned} \tag{4}$$

ここで $\alpha_r=r^{-1}(\boldsymbol{\alpha}\cdot\boldsymbol{r})$，$\alpha_r{}^2=I$ により

$$\boldsymbol{\alpha}\cdot\boldsymbol{p}=\alpha_r p_r+\frac{i\hbar}{r}\alpha_r\beta k \tag{5}$$

したがってハミルトニアンは

$$\boxed{H=c\alpha_r p_r+\frac{i\hbar c}{r}\alpha_r\beta k-eV+\beta mc^2} \tag{6}$$

と書かれる．これが極座標で書いた球対称なハミルトニアンである．

ここで k は運動の定数であり，その値は0を除く正または負の整数，すなわち

$$\boxed{k=\pm1,\ \pm2,\ \pm3,\ \cdots} \tag{7}$$

であることが示される．k を全角運動量の量子数という．

【証明】 電子の全角運動量は

$$\boldsymbol{M}=\boldsymbol{L}+\frac{1}{2}\hbar\boldsymbol{\sigma} \tag{8}$$

である．ここで L_z の固有値は $\hbar$ の整数倍であり，$\frac{1}{2}\hbar\sigma_z$ の固有値は $\pm\frac{1}{2}\hbar$ であるから M_z の固有値は $\hbar$ の半整数倍である．ここで第18講（6）で $\boldsymbol{P}=\boldsymbol{Q}=\boldsymbol{L}$ とおくと

$$\begin{aligned}(\boldsymbol{\sigma}\cdot\boldsymbol{L})^2&=\boldsymbol{L}^2+i\boldsymbol{\sigma}\cdot(\boldsymbol{L}\times\boldsymbol{L})=\boldsymbol{L}^2-\hbar\boldsymbol{\sigma}\cdot\boldsymbol{L}\\&=\left(\boldsymbol{L}+\frac{1}{2}\hbar\boldsymbol{\sigma}\right)^2-2\hbar\boldsymbol{\sigma}\cdot\boldsymbol{L}-\frac{3}{4}\hbar^2\end{aligned} \tag{9}$$

故に

$$\hbar^2 k^2 = (\boldsymbol{\sigma}\cdot\boldsymbol{L}+\hbar)^2 = \boldsymbol{M}^2 + \frac{1}{4}\hbar^2 \tag{10}$$

となる．ここで $\boldsymbol{M}^2$ は全角運動量の2乗であるから角運動量の一般的性質により，その固有値は $j(j+1)\hbar^2$ と書ける(前講参照)．すると M_z の固有値は $(-j, -j+1, \cdots, j-1, j)\hbar$ に限られるが，すでに知ったように M_z の固有値は1個の電子の場合 $\hbar$ の半整数倍であるから，j は正の半整数である．したがって

$$k^2 = j(j+1) + \frac{1}{4} = \left(j+\frac{1}{2}\right)^2 \tag{11}$$

により，k は0を除く整数でなければならない．　■

全角運動量子数

（3）で定義した全角運動量子数 k が運動の定数であることは，k がハミルトニアン H と可換であることを意味する．すなわち

$$kH - Hk = 0 \tag{12}$$

これは次のようにして直接証明することができる．

【証明】 ハミルトニアンはもともと

$$H = -eV + c\rho(\boldsymbol{\sigma}\cdot\boldsymbol{p}) + \beta mc^2 \tag{13}$$

である．ここで

$$\begin{aligned}\boldsymbol{L}\cdot\boldsymbol{p} &= L_x p_x + L_y p_y + L_z p_z \\ &= (yp_z - zp_y)p_x + (zp_x - xp_z)p_y + (xp_y - yp_x)p_z = 0 \\ \boldsymbol{p}\cdot\boldsymbol{L} &= p_x(yp_z - zp_y) + p_y(zp_x - xp_z) + p_z(xp_y - yp_x) = 0\end{aligned} \tag{14}$$

と第18講（6）により

$$\begin{aligned}(\boldsymbol{\sigma}\cdot\boldsymbol{L})(\boldsymbol{\sigma}\cdot\boldsymbol{p}) &= i\boldsymbol{\sigma}\cdot\boldsymbol{L}\times\boldsymbol{p} \\ (\boldsymbol{\sigma}\cdot\boldsymbol{p})(\boldsymbol{\sigma}\cdot\boldsymbol{L}) &= i\boldsymbol{\sigma}\cdot\boldsymbol{p}\times\boldsymbol{L}\end{aligned} \tag{15}$$

したがって

$$\begin{aligned}&(\boldsymbol{\sigma}\cdot\boldsymbol{L})(\boldsymbol{\sigma}\cdot\boldsymbol{p}) + (\boldsymbol{\sigma}\cdot\boldsymbol{p})(\boldsymbol{\sigma}\cdot\boldsymbol{L}) \\ &= i\sum_{xyz}\sigma_x\cdot(L_y p_z - L_z p_y + p_y L_z - p_z L_y)\end{aligned} \tag{16}$$

さらに $p_z = -i\hbar\partial/\partial z$ などを用いて

$$L_y p_z - p_z L_y = (z p_x - x p_z) p_z - p_z (z p_x - x p_z) = i\hbar p_x$$
$$-L_z p_y + p_y L_z = -(x p_y - y p_x) p_y + p_y (x p_y - y p_x) = i\hbar p_x \tag{17}$$

よって (16) の右辺は

$$i \sum_{xyz} 2 i\hbar \sigma_x \cdot p_x = -2\hbar (\boldsymbol{\sigma} \cdot \boldsymbol{p}) \tag{18}$$

となるから

$$(\boldsymbol{\sigma} \cdot \boldsymbol{L} + \hbar)(\boldsymbol{\sigma} \cdot \boldsymbol{p}) + (\boldsymbol{\sigma} \cdot \boldsymbol{p})(\boldsymbol{\sigma} \cdot \boldsymbol{L} + \hbar) = 0 \tag{19}$$

故に $\boldsymbol{\sigma} \cdot \boldsymbol{L} + \hbar$ は $\boldsymbol{\sigma} \cdot \boldsymbol{p}$，あるいはハミルトニアン（6）の項の１つ$-\rho(\boldsymbol{\sigma} \cdot \boldsymbol{p})$ と反可換であり，その他の項とは可換である．さらに β は ρ と反可換であり，このため β を掛けた $\beta(\boldsymbol{\sigma} \cdot \boldsymbol{L} + \hbar)$ を $\hbar k$ とおけば，これは $\boldsymbol{\sigma} \cdot \boldsymbol{p}$ あるいは$-(\boldsymbol{\sigma} \cdot \boldsymbol{p})$ と可換になる．すなわち

$$k \boldsymbol{\sigma} \cdot \boldsymbol{p} - \boldsymbol{\sigma} \cdot \boldsymbol{p} k = 0 \tag{20}$$

しかも k はハミルトニアンの他の項とも可換なので，運動の定数である． ■

α_r と β の交換性

次に，ハミルトニアン（6）右辺の α_r と β は

$$\alpha_r{}^2 = \beta^2 = I, \qquad \alpha_r \beta + \beta \alpha_r = 0 \tag{21}$$

を満たすことを示しておこう（次講（2）参照）．

【証明】 $\beta^2 = I$ は自明である．$\alpha_r = r^{-1}(\boldsymbol{\alpha} \cdot \boldsymbol{r})$ については

$$r^2 \alpha_r{}^2 = (\boldsymbol{\alpha} \cdot \boldsymbol{r})^2 = \boldsymbol{r} \cdot \boldsymbol{r} + i \boldsymbol{\sigma} \cdot \boldsymbol{r} \times \boldsymbol{r}$$
$$= \boldsymbol{r} \cdot \boldsymbol{r} = r^2 \tag{22}$$

よって $\alpha_r{}^2 = I$．さらに $\alpha_x \beta + \beta \alpha_x = 0$ などを用いれば

$$r \alpha_r \beta = (\boldsymbol{\alpha} \cdot \boldsymbol{r}) \beta = (\alpha_x x + \alpha_y y + \alpha_z z) \beta$$
$$= -\beta (\alpha_x x + \alpha_y y + \alpha_z z) = -\beta (\boldsymbol{\alpha} \cdot \boldsymbol{r}) = -r \beta \alpha_r \tag{23}$$

故に $\alpha_r \beta = -\beta \alpha_r$． ■

Tea Time

月と連星の角運動量

月は地球の自転運動と同じ向きに公転している．月の公転速度（1 月に 1 周）は地球の自転（1 日につき 1 周）に比べてずっとおそい（下図参照）．

月の引力は地球の海水，大気，地殻に潮汐運動をおこし，これが地球の自転運動の角運動量を低下させる．しかし地球と月を合わせた全体の角運動量は不変であるため，月の公転運動の角運動量は増加し，そのため月は次第に地球から遠ざかっていくことになる．昔の月はもっと地球に近かったはずである．

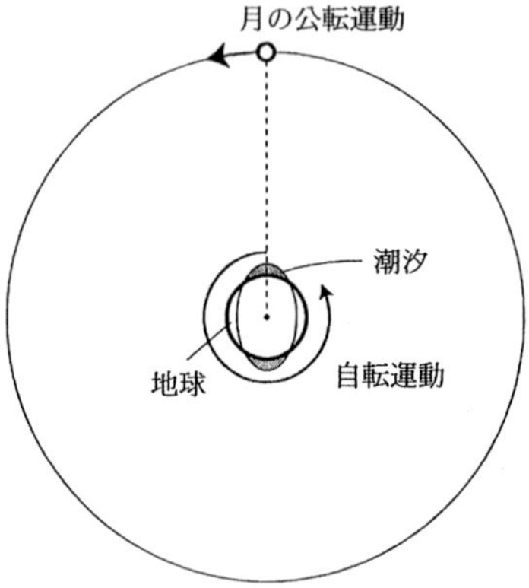

もしも連星間の引力で潮汐現象がおこるならば，連星の 2 つの星の間の距離はこのために次第に大きくなり，そのため連星パルサーの出す光の周期が次第に長くなることもあり得るわけである．これは重力波の放出のために連星パルサーの出す光の周期が短くなるのに対抗する効果をもつ（P. C. W. デイヴィス（松田卓也訳）『重力波のなぞ』，岩波現代選書（1981））．

第 21 講

水素類似原子

―テーマ―

- 極座標で書いた波動方程式
- 波動方程式の解法
- エネルギー準位
- Tea Time：ウィグナーの見たアインシュタイン

水素類似原子

中心力場内の電子のハミルトニアンは，前講により

$$H=\beta mc^2-eV+c\alpha_r p_r+\frac{i\hbar c}{r}\alpha_r\beta k \quad (k=\pm 1,\ \pm 2,\ \cdots) \tag{1}$$

で与えられる．ここで β と α_r は前講 (21) の式，すなわち

$$\alpha_r{}^2=\beta^2=I, \qquad \alpha_r\beta+\beta\alpha_r=0 \tag{2}$$

を満たすものであればよい．そこで β を対角行列とし

$$\beta=\begin{pmatrix}1 & 0\\ 0 & -1\end{pmatrix}, \qquad \alpha_r=\begin{pmatrix}0 & -i\\ i & 0\end{pmatrix} \tag{3}$$

とすることにしよう．これに対して波動関数を

$$\psi(r)=\begin{pmatrix}r^{-1}F(r)\\ r^{-1}G(r)\end{pmatrix} \tag{4}$$

と書く．ここで前講 (2) により

$$p_r = r^{-1}(\boldsymbol{r}\cdot\boldsymbol{p} - i\hbar) = -i\hbar\left(\frac{\partial}{\partial r} + \frac{1}{r}\right) \tag{5}$$

なので

$$p_r\psi = -i\hbar\left(\frac{\partial}{\partial r} + \frac{1}{r}\right)\frac{1}{r}\begin{pmatrix} F \\ G \end{pmatrix} = -\frac{i\hbar}{r}\frac{\partial}{\partial r}\begin{pmatrix} F \\ G \end{pmatrix} \tag{6}$$

$$\beta k\psi = \begin{pmatrix} 1 & 0 \\ 0 & -1 \end{pmatrix} k \begin{pmatrix} F/r \\ G/r \end{pmatrix} = \frac{k}{r}\begin{pmatrix} F \\ G \end{pmatrix} \tag{7}$$

そこで波動方程式 $E\psi = H\psi$，すなわち

$$(E - \beta mc^2 + eV)\psi - c\alpha_r p_r \psi - \frac{i\hbar c}{r}\alpha_r \beta k\psi = 0 \tag{8}$$

は

$$\begin{aligned} &(E - mc^2 + eV)F + \hbar c\frac{dG}{dr} + \frac{\hbar ck}{r}G = 0 \\ &(E + mc^2 + eV)G - \hbar c\frac{dF}{dr} + \frac{\hbar ck}{r}F = 0 \end{aligned} \tag{9}$$

となる．さらにここで

$$a_1 = \frac{\hbar c}{mc^2 - E}, \qquad a_2 = \frac{\hbar c}{mc^2 + E}, \qquad a = (a_1 a_2)^{1/2} = \frac{\hbar c}{\sqrt{m^2c^4 - E^2}} \tag{10}$$

$$F = \mathrm{e}^{-r/a} f, \qquad G = \mathrm{e}^{-r/a} g \tag{11}$$

とおくと

$$\begin{aligned} &\left(\frac{1}{a_1} + \frac{\gamma}{r}\right)f - \left(\frac{d}{dr} - \frac{1}{a} + \frac{k}{r}\right)g = 0 \\ &\left(-\frac{1}{a_2} + \frac{\gamma}{r}\right)g + \left(\frac{d}{dr} - \frac{1}{a} - \frac{k}{r}\right)f = 0 \end{aligned} \tag{12}$$

ただし水素類似の原子に対し $eV = -Ze^2/r$ を考慮し

$$\gamma = \frac{Ze^2}{\hbar c}, \qquad eV = -\frac{\gamma\hbar c}{r} \tag{13}$$

とおいた．

(12) を解くため

$$f = \sum_s c_s r^s, \qquad g = \sum_s c_s' r^s \tag{14}$$

とすると (12) から

$$\frac{c_{s-1}}{a_1}+\gamma c_s-(s+k)c_s'+\frac{c_{s-1}'}{a}=0$$
$$-\frac{c_{s-1}'}{a_2}+\gamma c_s'+(s-k)c_s-\frac{c_{s-1}}{a}=0 \tag{15}$$

を得る．この第1式に a を，第2式に a_2 を掛けて加えると $a/a_1=a_2/a$ により c_{s-1} と c_{s-1}' が消去できて

$$[a\gamma+a_2(s-k)]c_s+[a_2\gamma-a(s+k)]c_s'=0 \tag{16}$$

が得られる．これは c_s と c_s' を結びつける式である．

$r=0$ における境界条件により，(16) は s の小さい項が消えなければならない．そこで c_s, c_s' が消えない最小の s を s_0 とすると $s=s_0$ に対し $c_{s-1}=c_{s-1}'=0$ であるから (15) により

$$\gamma c_{s_0}-(s_0+k)c_{s_0}'=0, \qquad \gamma c_{s_0}'+(s_0-k)c_{s_0}=0 \tag{17}$$

したがって $\gamma^2=-s_0^2+k^2$ となるが，境界条件により s_0 は正でなければならないので

$$s_0=\sqrt{k^2-\gamma^2} \tag{18}$$

と定められる．

級数 (12) の収束性を調べるため，大きな s に対する c_s/c_{s-1} を求めよう．(16) と (15) の第2式により大きな s に対して級数が切れることがないとすると，近似的に

$$a_2c_s=ac_s', \qquad sc_s=\frac{c_{s-1}}{a}+\frac{c_{s-1}'}{a_2} \tag{19}$$

したがって $c_s/c_{s-1}=2/as$ $(s\gg 1)$ であって

$$c_s\simeq\frac{2}{as}c_{s-1}, \qquad c_s'\simeq\frac{2}{as}c_{s-1}' \tag{20}$$

故に級数 f, g は大きな r に対して漸近的に $\mathrm{e}^{2r/a}$ となる．したがって電子が束縛された状態を与えるためにはこれらの級数はあるところで終わらなければならない．これが c_s, c_s' において終わるとすると

$$c_{s+1}=c_{s+1}'=0 \tag{21}$$

あるいは (15) で s を $s+1$ でおきかえて

$$\frac{c_s}{a_1}+\frac{c_s'}{a}=0, \qquad -\frac{c_s'}{a_2}-\frac{c_s}{a}=0 \tag{22}$$

これらは $a^2=a_1a_2$ により同等であって，(16) を用いると，この s に対して

$$a_1[a\gamma+a_2(s-k)]=a[a_2\gamma-a(s+k)] \tag{23}$$

書き直すと

$$2a_1a_2s=a(a_2-a_1)\gamma \tag{24}$$

よって (10) の第1，2 式により

$$s=\frac{a}{2}\left(\frac{1}{a_1}-\frac{1}{a_2}\right)\gamma=\frac{Ea}{c\hbar}\gamma \tag{25}$$

となる．これと (10) の第3式とを両立させると

$$\frac{E}{mc^2}=\left(1+\frac{\gamma^2}{s^2}\right)^{-1/2} \tag{26}$$

を得るが，s は級数の終わりの項を表すから 0 か正の整数である．そこでこれを n' と書くと

$$s=n'+\sqrt{k^2-\gamma^2} \qquad (n'=0,\ 1,\ 2,\ \cdots) \tag{27}$$

したがってエネルギー固有値は

$$\boxed{E=mc^2\bigg/\left[1+\frac{\gamma^2}{\{n'+\sqrt{k^2-\gamma^2}\}^2}\right]^{1/2} \qquad \begin{matrix}(n'=0,\ 1,\ 2,\ \cdots)\\(k=\pm1,\ \pm2,\ \cdots)\end{matrix}} \tag{28}$$

で与えられることがわかる．これは水素類似原子のエネルギー準位を与える式である．

γ は小さい量なので γ について展開すると

$$E=mc^2\left[1-\frac{\gamma^2}{2n^2}-\frac{\gamma^4}{2n^4}\left(\frac{n}{|k|}-\frac{3}{4}\right)+\cdots\right] \tag{29}$$

となる．ただしここで

$$n=n'+|k| \tag{30}$$

と書いた．電子の静止エネルギー mc^2 を引くとエネルギー準位は

$$E_{n,k}=E-mc^2=-\frac{mZ^2e^4}{2n^2\hbar^2}\left[1+\frac{\alpha^2Z^2}{n}\left(\frac{1}{|k|}-\frac{3}{4n}\right)\right]+\cdots \qquad (n\geqq|k|,\quad k=\pm1,\ \pm2,\ \cdots) \tag{31}$$

と書ける．ここで α は $Z=1$ とおいた γ の値であって ($\gamma=Z\alpha$)

$$\boxed{\alpha=\frac{e^2}{\hbar c}=\frac{1}{137.04}} \tag{32}$$

であり，これを微細構造定数という．(30) 右辺の第 1 項はもちろん非相対論的な（ボーアの理論の）エネルギー準位であり，第 2 項は相対論的な補正である．

電子の固有状態は $(n,\ l,\ j,\ m)$ で指定する．

$$n=(1,2,3,\cdots),\quad l=(0,1,2,\cdots,n-1),\quad m=(-l,-l+1,\cdots,l-1,l)$$

n を主量子数，l を方位量子数，m を磁気量子数という．ディラックの水素原子で外場がないときは l, m 状態が縮退しているが，角運動量 j が大きい準位は高い．

準位の記号	n	l	j	k	n'	$E_{n,j}/mc^2$
$1S_{1/2}$	1	0	1/2	−1	0	$\sqrt{1-\gamma^2}$
$2S_{1/2}$	2	0	1/2	−1	1	$\sqrt{\frac{1}{2}(1+\sqrt{1-\gamma^2})}$
$2P_{1/2}$	2	1	1/2	1	1	$\sqrt{\frac{1}{2}(1+\sqrt{1-\gamma^2})}$
$2P_{3/2}$	2	1	3/2	−2	0	$\sqrt{1-(\gamma/2)^2}$
$3P_{1/2}$	3	1	1/2	1	2	$\frac{2+\sqrt{1-\gamma^2}}{\sqrt{5+4\sqrt{1-\gamma^2}}}$

Tea Time

ウィグナーの見たアインシュタイン

アインシュタイン（A. Einstein）の仕事ぶりは多くの人とちがうところがある．多くの人はインスピレーションによってアイディアをつかむが，それは研究の一端であって，それから長い時間をかけていろいろなことを発見し，仕事を磨き上げていく．アインシュタインはそうではなかった．彼にとっては，仕事の全容がはじめから具体的に明らかになるのだった．彼も仕事に磨きをかけたが，最終のゴールははじめから見えていた．

ウィグナー（E. Wigner）がベルリンの工業高校へ入った 1921 年頃，アインシュタインはベルリン大学にいて，ウィグナーはドイツ物理学会のコロキウムで毎週彼の姿を見ていたわけである．ウィグナーはひっ込み思案であったが，友人のシラード（L. Szilard）は勇敢で，アインシュタインに統計力学のセミナーをするように頼み込んで成功した．ウィグナーもこれに加わった．

シラードはマクスウェル（J. C. Maxwell）のデモンの考えを再考し，情報理論のさきがけをした人として知られている．また，原子核分裂の連鎖反応の可能性に気付き，フェルミ（E. Fermi）と共に最初の原子炉をつくった人でもある．彼は量子力学の数学的手法は好まなかったようであるが，アイディアにすぐれ，社交的でたえず忙しい人であった．シラードたちの若いグループは毎週土曜日の午後に集まって気炎を上げるのだった．シラードはよくアインシュタインの家を訪ね，後にはアインシュタインと一緒に冷蔵庫の特許までとった．

アインシュタインのセミナーはすばらしかった．彼は若い人の話をきくのを喜んだが，「それはすばらしいアイディアだ，それをどんどんやりなさい」というような具体的なことはいわなかった．しばしば彼は哲学的な方へ脱線して，「命は有限で，時間は無限大だ．だから私がここにいる確率は 0 である．それなのに私が生きているのはなぜだろう」などといった．学生が誰も答えられないでいると，しばらくして彼はいった．「だからね，確率のことなど言ってはならないのだよ」．

彼は物理的な現象を理解する方法として統計的観点がすぐれていることをよく知っていたが，軽んじてもいた．「太陽はどうだ．あれも確率振幅だというのかね」，「神が世界をサイコロ遊びにかけるとは全く考えたくない」，「神は老獪であるが悪意はない」．

彼はすべての理論は一時的なものであると確信していて，量子力学もいつかはもっとよい，決定論的な理論でおきかえられることを望んでいた．より深い理論が，常にわれわれの視野のすぐ外にある，という考えは科学の美しさの一部である．

しばしばアインシュタインはさみしそうに見えたが，ほんとにそうだったのかはわからない，とウィグナーはいっている．友達をつくるとか，電話でおしゃべりをするとか，さみしさを癒す方法はいくらでもあるだろうが，アインシュタインはそういうことをしなかった．彼はさみしい人ではなく，その天性がさみしい人であった，とウィグナーは考える．アインシュタインのようにやさしく，深い心の人にとって日常的な感情に遠いことは決して欠点ではなかった．彼の関心は常に物理学と人類の大きな問題の上にあった．

第 22 講

スピン-軌道相互作用

— テーマ

- ◆ スピン $\boldsymbol{s}$ と軌道運動 $\boldsymbol{L}$
- ◆ $\boldsymbol{s}$-$\boldsymbol{L}$ 結合
- ◆ Tea Time：マヨラナ型核力

スピンと軌道運動

水素原子のように，中心力場の中で運動する電子には自己の軌道運動による磁場がスピンに作用して相互作用を生じる．中心力場が弱いとき，非相対論近似で，このスピン-軌道相互作用のエネルギーは

$$\boxed{E_{sL}=\frac{-e}{2mc^2}\frac{1}{r}\frac{dV}{dr}\boldsymbol{s}\cdot\boldsymbol{L}} \qquad (1)$$

で与えられる．ただしここで $eV(r)$ は中心力場のポテンシャルである．

【証明】 全エネルギーを

$$E=E'+mc^2 \qquad (E'\ll mc^2) \qquad (2)$$

とおく．波動関数を 2 つに分けて

$$\psi=\begin{pmatrix}\varphi_1\\ \varphi_2\end{pmatrix}, \qquad \varphi_1=\begin{pmatrix}\psi_1\\ \psi_2\end{pmatrix}, \qquad \varphi_2=\begin{pmatrix}\psi_3\\ \psi_4\end{pmatrix} \qquad (3)$$

と書くと，波動方程式（前講（1））は

$$(E'+mc^2)\begin{pmatrix}\varphi_1\\\varphi_2\end{pmatrix}=(c\boldsymbol{\alpha}\cdot\boldsymbol{p}+\beta mc^2-eV)\begin{pmatrix}\varphi_1\\\varphi_2\end{pmatrix} \tag{4}$$

となる．ここで

$$\boldsymbol{\alpha}=\begin{pmatrix}0&\boldsymbol{\sigma}\\\boldsymbol{\sigma}&0\end{pmatrix},\qquad \beta=\begin{pmatrix}1&0\\0&-1\end{pmatrix} \tag{5}$$

ただし

$$\begin{gathered}\boldsymbol{\sigma}=(\sigma_x,\ \sigma_y,\ \sigma_z)\\ \sigma_x=\begin{pmatrix}0&1\\1&0\end{pmatrix},\qquad \sigma_y=\begin{pmatrix}0&-i\\i&0\end{pmatrix},\qquad \sigma_z=\begin{pmatrix}1&0\\0&-1\end{pmatrix}\end{gathered} \tag{6}$$

である．したがって（4）は

$$\begin{gathered}(E'+eV)\varphi_1+c\boldsymbol{\sigma}\cdot\boldsymbol{p}\varphi_2=0\\ (E'+2mc^2+eV)\varphi_2+c\boldsymbol{\sigma}\cdot\boldsymbol{p}\varphi_1=0\end{gathered} \tag{7}$$

と書ける．

（7）の第2式において，$\boldsymbol{p}$ は演算子であるがその値は mv（v は電子の速度）の程度なので，φ_1/φ_2 は v/c の程度であることがわかる．そこで

$$\varphi_2=-(E'+2mc^2+eV)^{-1}c\boldsymbol{\sigma}\cdot\boldsymbol{p}\varphi_1 \tag{8}$$

を（7）の第1式に代入すると φ_1 に対する方程式

$$E'\varphi_1=\frac{1}{2m}(\boldsymbol{\sigma}\cdot\boldsymbol{p})\left(1+\frac{E'+eV}{2mc^2}\right)^{-1}(\boldsymbol{\sigma}\cdot\boldsymbol{p})\varphi_1-eV\varphi_1 \tag{9}$$

を得る．非相対論的な近似

$$\left(1+\frac{E'+eV}{2mc^2}\right)^{-1}\simeq 1-\frac{E'+eV}{2mc^2} \tag{10}$$

を用い，また恒等式

$$\begin{gathered}\boldsymbol{p}V=V\boldsymbol{p}-i\hbar\nabla V\\ (\boldsymbol{\sigma}\cdot\nabla V)(\boldsymbol{\sigma}\cdot\boldsymbol{p})=\nabla V\cdot\boldsymbol{p}+i\boldsymbol{\sigma}\cdot(\nabla V\times\boldsymbol{p})\end{gathered} \tag{11}$$

を援用すると（9）は

$$\begin{aligned}E'\varphi_1=&\left[\left(1-\frac{E'+eV}{2mc^2}\right)\frac{\boldsymbol{p}^2}{2m}-eV\right]\varphi_1\\ &+\frac{\hbar^2 e}{4m^2c^2}\nabla V\cdot\nabla\varphi_1-\frac{\hbar e}{4m^2c^2}\boldsymbol{\sigma}\cdot[\nabla V\times\boldsymbol{p}\varphi_1]\end{aligned} \tag{12}$$

となる．

ここで $-\dfrac{d}{dr}(eV)$ が中心力，すなわち球対称であるとすると

$$\nabla V\cdot\nabla=\frac{dV}{dr}\frac{\partial}{\partial r},\qquad \nabla V=\frac{1}{r}\frac{dV}{dr}\boldsymbol{r} \tag{13}$$

と簡素化される．さらに $E'-eV$ は $\boldsymbol{p}^2/2m$ に等しいとおいてよいから (12) は

$$E'\varphi_1=\left[\frac{\boldsymbol{p}^2}{2m}-\frac{\boldsymbol{p}^4}{8m^3c^2}-eV+\frac{\hbar^2 e}{4m^2c^2}\frac{dV}{dr}\frac{\partial}{\partial r}-\frac{e}{2m^2c^2}\frac{1}{r}\frac{dV}{dr}\boldsymbol{s}\cdot\boldsymbol{L}\right]\varphi_1 \tag{14}$$

と書ける．ここで $\boldsymbol{s}=\hbar\boldsymbol{\sigma}/2$ はスピン演算子，$\boldsymbol{L}=\boldsymbol{r}\times\boldsymbol{p}$ は軌道角運動量の演算子である．

$$\begin{aligned}E'&=E-mc^2=(m^2c^4+c^2\boldsymbol{p}^2)^{1/2}-mc^2\\&\simeq\frac{\boldsymbol{p}^2}{2m}-\frac{\boldsymbol{p}^4}{8m^3c^2}\end{aligned} \tag{15}$$

であるから，(14) 右辺第 2 項の $-\boldsymbol{p}^4/8m^2c^2$ は運動エネルギーの相対論的補正である．第 3 項は位置エネルギーに対する相対論的な補正であるが古典的に意味づけられないものである．そして最後の項はスピンと軌道角運動量との相互作用のエネルギー（1）を表している． ■

$\boldsymbol{s}$-$\boldsymbol{L}$ 結合の解釈

スピン-軌道相互作用は電子の磁気モーメントと原子核との相互作用と考えることができる．原子核の電荷を Ze とすると，これによる電場のポテンシャルは(静電単位)

$$V=\frac{Ze}{r} \tag{16}$$

であり，簡単のため電子は一定の半径 r，速さ v の円運動をしているとすると，角運動量は

$$L=mvr \tag{17}$$

であり，電子のスピンの大きさは $s=\hbar/2$ であるから，$\boldsymbol{s}$-$\boldsymbol{L}$ 結合（スピン-軌道結合）のエネルギー（1）は

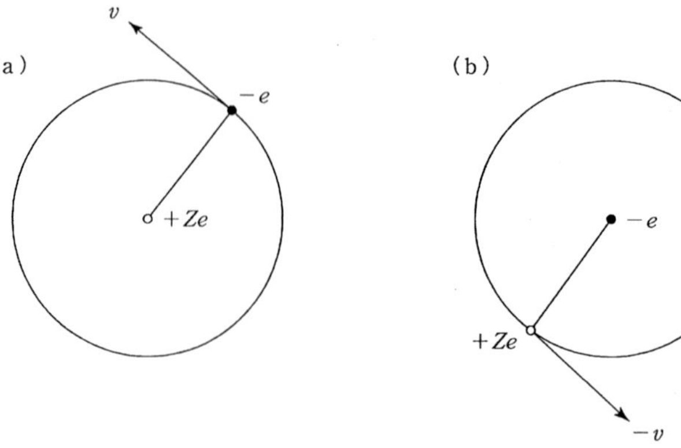

図 18　(a) 原子核を回る電子の運動
(b) 電子のまわりの原子核の相対運動

$$E_{sL}=\frac{Ze^2v\hbar}{4mc^2r^2} \tag{18}$$

となる．

さて電子から見ると原子核は電子のまわりを速度 $-v$ で回っているので，そのための電流は（電磁単位）

$$I=\frac{Zev}{2\pi rc} \tag{19}$$

であり，これが電子の位置につくる磁場は

$$B=\frac{2\pi I}{r}=\frac{Zev}{r^2c} \tag{20}$$

である．電子は $\mu_B=e\hbar/2mc$ の磁気モーメントをもつので，上の磁場 H との結合エネルギーは

$$\mu_B B=\frac{Ze^2v\hbar}{2mc^2r^2} \tag{21}$$

に比例する．この値は (18) に似ているが係数が少し異なる．この計算では原子核が電子のまわりを回っているとしているが，実際には原子核は静止しているので，そのための補正が必要である．しかしこの補正を求める計算は省略することにしたい．

マヨラナ型核力

マヨラナ（E. Majorana，1902-1938）は，イタリアの生んだ世界的な物理学者フェルミ（E. Fermi）の弟子であった．フェルミはムッソリーニの独裁をきらって，1939 年にアメリカに移り，世界最初の原子炉をつくり，原爆を完成したチームで中心的な役割を演じたことでも知られている．マヨラナはフェルミの弟子の中でも傑出した秀才であったらしい．1930 年代のはじめに彗星のように現れたマヨラナは 30 年代の終わりをまたずにみずから姿を消してしまった．

1938 年 3 月 26 日の早朝，シチリアからナポリへ行く船の中から彼は姿を消したのだった．母親と友人にあてた遺書が船室にのこされていて，警察はマヨラナがナポリ湾に投身自殺したと結論したが遺体は発見されなかった．

フェルミは 1938 年のノーベル賞を受けているが，それは「中性子衝撃による新放射性元素の研究と熱中性子による原子核反応の発見」に対するものであった．ハーン（O. Hahn）による核分裂の発見は 1938 年であり，当時における物理学界の重大関心は原子核物理学に集中していた観がある．マヨラナの失踪も国外脱出の疑点から秘密情報部の関心を引いたともいわれている．

1 つの説によれば，マヨラナが自殺したのは，彼が研究していた学問が，やがては人類を破滅させるおそろしいものであることを予知して絶望したからであるという．核物理学において世界の物理学者による大きな発見が相次いでなされていたときに，マヨラナはその行きつく先を真剣に見通していたというのである．しかし，これには証拠がない．当時はムッソリーニの独裁の時代で，手紙が検閲のために開封されることもあったらしいが，遺書にもそれらしいことは書いてなかったようである．

はじめてマヨラナの名を知ったのは「ヴィリアル定理について」という論文（1943）を書いていたときのことで，ヴィリアル定理を核力に適用してみたのであった．当時，原子核の中の陽子と中性子はいろいろなタイプの核力を及ぼし合っていると考えられていた．ウィグナー型，バルトレット型，マヨラナ型，ハイゼンベルク型の 4 つである．この中でマヨラナ型の力は，陽子と中性子のスピンの交換によらない力であるとされていた．この核力ポテンシャルの幅と深さを適当に仮定し，核子をフェルミ気体とみなしヴィリアル定理を適用すると重い原子核の結合エネルギーと核力ポテンシャルの大きさの間にもっともらしい関係が得られる，ということを書いた．

そんなことでマヨラナの名は彼が死んでからの数年後には知っていたわけであるが，戦争が終わって原子爆弾をつくった科学者の責任が問われるようになってから，科学のもっている悪魔的な力に気がついて自殺したというマヨラナのことをきく機会があった．

第 23 講

空孔理論と陽電子

―テーマ―
- ◆ 空孔理論
- ◆ 陽電子
- ◆ 荷電共役変換
- ◆ Tea Time：マヨラナの失踪

空 孔 理 論

ディラック (P. A. M. Dirac) の電子論によれば自由な電子には，正のエネルギー $E_{+}=\sqrt{m^2c^4+c^2p^2}$ と負のエネルギー $E_{-}=-\sqrt{m^2c^4+c^2p^2}$ が共にゆるされる．$E_{+}>mc^2$，$E_{-}<-mc^2$ であって，これらの間にはエネルギー幅 $2mc^2$ のギャップ(禁止帯) がある (図 19)．負エネルギー状態にある電子を正エネルギーの状態に移すには $2mc^2$ 以上のエネルギーが必要であり，逆に正エネルギーの電子が負エネルギーの状態に移れば，$2mc^2$ 以上のエネルギーが放出されるわけである．

そこで物質や電磁場の影響を受けて正エネルギー状態から負エネルギー状態へ落ち込むことが可能になり，電子は安定でありえなくなってしまう．いくらでもエネルギーの低い状態になってしまうことになる．

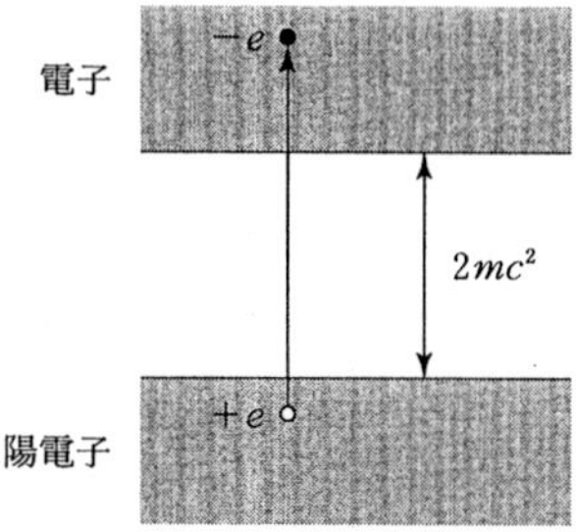

図 19　電子と空孔 (陽電子)

そこでディラックは，真空とよばれる状態で負エネルギーの状態（準位）がすべて電子によって完全に満員になっていると仮定した．電子はパウリの排他律にしたがうから，1つの準位を2個以上の電子が占めることはできない．したがってすべての負エネルギー準位が電子によって占められていれば，正エネルギーの電子が負エネルギーの準位に落ちることは不可能である．ふつう，真空は何もない状態と思われているが，実は電子がいっぱいつまった状態であるというのである．これは常識に反するようであるが，真空状態での負エネルギーの電子は，全く観測にかからないとディラックは考えた．

しかし，もしも $2mc^2$ 以上のエネルギーの光子が真空に入射したとすると，負エネルギーと正エネルギーの間のエネルギーギャップを飛び越えて電子が正エネルギー準位へ移り，負エネルギーの準位に電子のいないところができる．電子がいなくなった準位を空孔とよべば，十分大きなエネルギーの光子は，電子と空孔の対をつくることができ，これらは観測にかかると考えられる．

こうして電子と空孔の対が生じる過程は，まず負エネルギーの準位が1個なくなり，ついで正エネルギーの電子が1個生じる過程と考えられる．この第1の過程では負エネルギーの電子がなくなったのであるから，これはその体系のエネルギーがふえたと観測され，同時に体系の電荷が e（電子の電荷は $-e$）だけふえたと観測される．そのために，電子のなくなった空孔は正のエネルギーをもち，正の電荷ももつ粒子として観測されることになる．この空孔は反粒子とよばれる．ディラックがこのような空孔理論を提出し反粒子の存在を予言したのは1928年であり，彼はこの反粒子を陽子（プロトン）であろうと思ったが，1932年にアンダーソン（C. D. Anderson）によって宇宙線の中に陽電子が発見された．これが電子の反粒子であることが確かめられて空孔理論の正しさが承認された．陽電子の電荷は電子と逆，すなわち正（$e>0$）で絶対値は電子と等しく，その質量は電子の質量と完全に等しい．

【電子・陽電子系の励起エネルギー】　n 個の電子が正エネルギー $E_+(1)$，$E_+(2)$，…，$E_+(n)$ の準位に励起され，負エネルギー $-|E_-(1)|$，$-|E_-(2)|$，… の電子とエネルギー $-|E_-(1')|$，$-|E_-(2')|$，…，$-|E_-(n')|$ の空孔とが残っているとする．このときの体系のエネルギーを E とすると，これは電子全体のもつエネル

ギーの和として求められ

$$E=\underbrace{E_+(1)+E_+(2)+\cdots+E_+(n)}_{\text{正エネルギーの電子}}-\underbrace{|E_-(1)|-|E_-(2)|\cdots}_{\text{負エネルギーの電子}} \tag{1}$$

である．これに対し正エネルギーにあった電子の全部が空孔へもどって負エネルギーの準位を全部占有したときの体系（真空状態）のエネルギーを E_0 とすると

$$E_0=-|E_-(1)|-|E_-(2)|-\cdots-|E_-(1')|-|E_-(2')|-\cdots-|E_-(n')| \tag{2}$$

である．したがって励起エネルギー $E-E_0$ は

$$E-E_0=\underbrace{E_+(1)+E_+(2)+\cdots+E_+(n)}_{\text{正エネルギーへ励起された電子}}+\underbrace{|E_-(1')|+|E_-(2')|+\cdots+|E_-(n')|}_{\text{空孔のエネルギー}} \tag{3}$$

となるので，真空状態を基準にとると全系のエネルギーは正エネルギーへ励起された電子のエネルギーと空孔のエネルギーとの和に等しいことになる．

【仮想的な光子と仮想的な陽電子】 高速度の電子が磁場によって急に進路を曲げられたり，物質に当たったりすると，そのエネルギーの一部が光となって放出される．これは電子と電磁場（真空）との相互作用によるものである．電子が静止していると光子の放出はおこらないが，電子は周辺の電磁場に作用して光子を出したり吸ったりする．これは量子論的な場の考え方である．このとき放出された電子は遠くへ行かないですぐに電子に吸収されるので，これは光子の仮想的な放出吸収であるとよばれる．古典電磁気学では電場という緊張がかかった状態である．

真空に外から十分強いエネルギーが与えられれば，電子と陽電子の対発生もおこりうるが，外からの電場などの攪乱が十分強くないときは，真空中で正エネルギー準位に上がった電子がすぐに自分の残した空孔へ落ち込んでしまう．この場合はいわば仮想的な対発生がおこる．このような仮想的な対発生を生ずる能力をもつということは，真空が誘電体のように偏極（真空偏極）をおこすことを意味する．これも一種の緊張状態である．

このような電磁場あるいは真空の緊張状態のために電子は仮想的な光子や陽電子などに包まれている．これを着物を着た電子といい，これに対して仮想的な粒子を伴わない電子を裸の電子という．電子は着物（自己エネルギー）を伴うため

に余分の質量（電磁質量）をもち，その影響は異常磁気モーメントとしても現れる．

本節を終えるにあたって，ちょっと不思議な点があるのを注意しておこう．われわれはディラックの1電子の問題から出発した．しかしいつの間にか負エネルギーに多数の陽電子がつまって正エネルギーの準位にいくつかの電子が上がっている状態に導かれた．これは1個の電子の問題がいつの間にか多体問題に化けてしまったことを意味する．

もともとディラック方程式は1個の電子でなく，多数の電子と陽電子を含む場（ディラック場）の方程式であったのである．これについてはまた第27講で触れることにしたい．

荷電共役変換

前節で電子とその反粒子である陽電子は，質量は同じだが荷電は逆な粒子として振舞うことを述べたが，そのとり扱いは粒子と反粒子についてなお不平等である．ここでは電子と陽電子の役割をとりかえる変換について考えよう．これを荷電共役変換という．

電子に対してディラック方程式を

$$\left\{\sum_{\mu=1}^{4}\gamma_\mu\left(\frac{\partial}{\partial x_\mu}-i\frac{e}{\hbar c}A_\mu\right)+\frac{mc}{\hbar}\right\}_{rs}\psi_s=0 \tag{4}$$

とする．そして

$$\psi'=C\bar{\psi}^{\mathrm{T}} \tag{5}$$

ただし

$$C=\gamma_2\gamma_4,\qquad \bar{\psi}=\psi^+\gamma_4 \tag{6}$$

とおくと ψ' は

$$\left\{\gamma_\mu\left(\frac{\partial}{\partial x_\mu}+i\frac{e}{\hbar c}A_\mu\right)+\frac{mc}{\hbar}\right\}_{rs}\psi_s'=0 \tag{7}$$

を満足する．ここで（4）と（7）とでは荷電 e の符号が逆で，質量は同じ，すなわち変換

$$e\longleftrightarrow -e,\qquad m\longleftrightarrow m \tag{8}$$

がなされている．したがって（4）が電子に対する波動方程式であるのに対し，（7）は反粒子（陽電子）の波動方程式である．

【証明】 まず ψ_μ は4元の縦ベクトルで

$$\psi=(\psi_\mu)=\begin{pmatrix}\psi_1\\ \psi_2\\ \psi_3\\ \psi_4\end{pmatrix} \quad (\text{縦ベクトル}) \tag{9}$$

であり，ψ^+ は横ベクトル（T は転置）

$$\psi^+=(\psi^*)^{\mathrm{T}}=(\psi_1{}^*\psi_2{}^*\psi_3{}^*\psi_4{}^*) \quad (\text{横ベクトル}) \tag{10}$$

である．γ_μ ($\mu=0, 1, 2, 3$) は 4×4 行列で第16講に述べた表示を使うことができる．これによれば

$$C=\gamma_2\gamma_4=\begin{pmatrix}0&0&0&1\\0&0&-1&0\\0&1&0&0\\-1&0&0&0\end{pmatrix} \tag{11}$$

これはエルミート行列（$C^+=(C^*)^{\mathrm{T}}$）であり，逆行列は

$$C^{-1}=-C \tag{12}$$

である．γ_μ の表示を用いれば

$$C^{-1}\gamma_\mu C=-\gamma_\mu{}^{\mathrm{T}} \tag{13}$$

も証明される．

さて，（4）の複素共役をとる．このとき $x_\mu=A_\mu$ は

$$\begin{aligned}&x_1=x, \quad &&x_2=y, \quad &&x_3=z, \quad &&x_4=ict\\ &A_1=A_x, \quad &&A_2=A_y, \quad &&A_3=A_z, \quad &&A_4=i\phi\end{aligned} \tag{14}$$

であり，$k=1, 2, 3$ に対し x_k, A_k は実数，x_4 と A_4 は虚数である．これに注意して（4）の複素共役をとると

$$\sum_{s=1}^{4}\left\{\sum_{k=1}^{3}(\gamma_k{}^*)_{rs}\left(\frac{\partial}{\partial x_k}+i\frac{e}{\hbar c}A_k\right)-(\gamma_4{}^*)_{rs}\left(\frac{\partial}{\partial x_4}+i\frac{e}{\hbar c}A_4\right)+\frac{mc}{\hbar}\delta_{rs}\right\}\psi_s{}^*=0 \tag{15}$$

を得る．この式の行と列をとりかえると

$$\sum_{s=1}^{4}\left\{\sum_{k=1}^{3}\left(\frac{\partial}{\partial x_k}+i\frac{e}{\hbar c}A_k\right)\psi_s{}^*(\gamma_k{}^*)_{sr}-\left(\frac{\partial}{\partial x_4}+i\frac{e}{\hbar c}A_4\right)\psi_s{}^*(\gamma_4{}^*)_{sr}\right\}+\frac{mc}{\hbar}\psi_r{}^*=0 \tag{16}$$

となる．これに右から $(\gamma_4)_{rq}$ を掛け，γ_4 が γ_1，γ_2，γ_3 のすべてと反可換であること，すなわち

$$\sum_{r=1}^{4}(\gamma_k)_{sr}(\gamma_4)_{rq}=-\sum_{r}(\gamma_4)_{sr}(\gamma_k)_{rq} \qquad (k=1,2,3) \tag{17}$$

および

$$\sum_{r=1}^{4}(\gamma_4)_{sr}(\gamma_4)_{rq}=\delta_{sq} \tag{18}$$

を用いれば

$$\sum_{r=1}^{4}\sum_{s=1}^{4}\left[\sum_{\mu=1}^{4}\left\{-\left(\frac{\partial}{\partial x_\mu}+i\frac{e}{\hbar c}A_\mu\right)\psi_s{}^*(\gamma_4)_{sr}(\gamma_\mu)_{rq}\right\}\right]+\frac{mc}{\hbar}\sum_{r}\psi_r{}^*(\gamma_4)_{rq} \tag{19}$$

となる．ここで

$$\sum_{s=1}^{4}\psi_s{}^*(\gamma_4)_{sq}=(\psi^*\gamma_4)_q=\bar{\psi}_q \tag{20}$$

なので

$$-\sum_{r=1}^{4}\sum_{\mu=1}^{4}\left(\frac{\partial}{\partial x_\mu}+i\frac{e}{\hbar c}A_\mu\right)\bar{\psi}_r(\gamma_\mu)_{rq}+\frac{mc}{\hbar}\bar{\psi}_q=0 \tag{21}$$

あるいは

$$-\sum_{\mu=1}^{4}\sum_{r=1}^{4}(\gamma_\mu{}^{\mathrm{T}})_{qr}\left(\frac{\partial}{\partial x_\mu}+i\frac{e}{\hbar c}A_\mu\right)\bar{\psi}_r+\frac{mc}{\hbar}\bar{\psi}_q=0 \tag{22}$$

したがって (13) により

$$\sum_{\mu r}(C^{-1}\gamma_\mu C)_{qr}\left(\frac{\partial}{\partial x_\mu}+i\frac{e}{\hbar c}A_\mu\right)\bar{\psi}_r+\frac{mc}{\hbar}\bar{\psi}_q=0 \tag{23}$$

ここで (5) を用いると

$$\sum_{\mu r}(C^{-1}\gamma_\mu)_{qr}\left(\frac{\partial}{\partial x_\mu}+i\frac{e}{\hbar c}A_\mu\right)\psi_r{}'+\frac{mc}{\hbar}\sum_{r}C^{-1}{}_{qr}\psi_r{}'=0 \tag{24}$$

を得る．この式に左から C を掛ければ (7) となる．　■

Tea Time

マヨラナの失踪

『マヨラナの失踪―消えた若き天才物理学者の謎』（レオナルド・シャーシャ著，千種堅訳，出帆社，1976）という本がある（F さんが筑波の古本屋で見つけたのをいただいたのである）．シャーシャは推理作家と間違われるような作風の純文学作家であるという．なおこの本の巻末には故高林武彦さん（名古屋大学教授）による行き届いた解説がつけられている．

フェルミ（E. Fermi）の高弟であったエットーレ・マヨラナ（E. Majorana）は 1938 年 3 月 26 日にシチリア島からナポリへ向かう船から投身自殺したことになっているが，投身したのを見た人があるわけではなく，逆にナポリで下船するところを見たという乗船客や 4 月はじめにナポリの町を散歩しているマヨラナ教授を見たと証言する人もあった．

小説の方では第 2 次大戦のあとで何年かたってから，著者のシャーシャがシチリア島で新聞の編集長にマヨラナ失踪の話をしたところ，編集長は 1945 年頃にある僧院を訪れたことを思い出した．彼はそこの神父の中に大学者がいるという内緒話を耳にしていた．

その記憶を確かめようと出かけるのだが，僧院の人はこの中に科学者などいるわけはないと，聞きもしないのに，こちらの質問を察しているかのようにいうのだった．小説はこれで終わっている．

なお，マヨラナには「電子と陽電子のシンメトリックな理論」という 1937 年の論文がある．これは本書との接点でもある．高林氏の解説の一部を引用させてもらうことにしよう．

「マヨラナは量子力学と相対論を結合することによって許される波動方程式としてはディラック方程式が唯一のものではないとし，負エネルギー状態をもたないような相対論的方程式として 1 つの新しいものを発見したのである（これは 1932 年つまり彼のライプチッヒへの旅立ち以前に出された仕事である）．ディラックの波動関数が 4 成分でローレンツ群のユニタリ表現であるのに対し，このマヨラナの波動関数は無限個の成分をもつことによってローレンツ群のユニタリ表現を実現するものであって，その結果あらゆるスピンの状態（整数または半整数）を含むことになる．」

第 24 講

電磁場の量子化

— テーマ

- ◆ 真空の電磁場と光子
- ◆ 光子の吸収・放出
- ◆ 自然放出
- ◆ Tea Time：科学がきらわれる理由

真空の電磁場

真空は電磁場であり，輻射場，光子の場である．光子は物質から放出されたり，物質に吸収されたりして，その数が増えたり減ったりする．さらに後に述べるように真空は電子や陽電子などの場であって，エネルギーの大きな光子が電子と陽電子の対に変わったり，電子と陽子が衝突して消滅し，大きなエネルギーの光子に変わったりする．このように真空は実は多くの可能性を秘めた場であるが，まず電磁場だけが存在する場合から調べよう．

古典的な電磁気学によれば，電場を $\boldsymbol{E}$，磁場（磁束密度）を $\boldsymbol{B}$ とすると，真空中の電磁場はマクスウェル（Maxwell）の方程式

$$\mathrm{rot}\,\boldsymbol{B}-\frac{\partial \boldsymbol{E}}{\partial t}=0, \qquad \mathrm{rot}\,\boldsymbol{E}+\frac{\partial \boldsymbol{B}}{\partial t}=0$$
$$\mathrm{div}\,\boldsymbol{B}=0, \qquad \mathrm{div}\,\boldsymbol{E}=0 \tag{1}$$

によって表される．よく知られているように，ベクトルポテンシャル $\boldsymbol{A}$ とスカラーポテンシャル V を

$$\boldsymbol{B}=\mathrm{rot}\,\boldsymbol{A}, \qquad \boldsymbol{E}=-\mathrm{grad}\,V-\frac{\partial \boldsymbol{A}}{\partial t} \tag{2}$$

によって導入すると（1），（2）から

$$\left(\nabla^2-\frac{1}{c^2}\frac{\partial^2}{\partial t^2}\right)\boldsymbol{A}=\mathrm{grad}\left(\mathrm{div}\,\boldsymbol{A}+\frac{1}{c}\frac{\partial V}{\partial t}\right)$$
$$\left(\nabla^2-\frac{1}{c^2}\frac{\partial^2}{\partial t^2}\right)V=-\frac{1}{c}\frac{\partial}{\partial t}\left(\mathrm{div}\,\boldsymbol{A}+\frac{1}{c}\frac{\partial V}{\partial t}\right) \tag{3}$$

が得られる．ここで

$$\nabla^2=\frac{\partial^2}{\partial x^2}+\frac{\partial^2}{\partial y^2}+\frac{\partial^2}{\partial z^2} \tag{4}$$

はラプラシアン（ラプラス演算子）である．また

$$\Box=\frac{\partial^2}{\partial x^2}+\frac{\partial^2}{\partial y^2}+\frac{\partial^2}{\partial z^2}-\frac{1}{c^2}\frac{\partial^2}{\partial t^2} \tag{5}$$

をダランベリアンという．相対論的な扱いでは，4 元ベクトルを $x_\mu=(x, y, z, ict)$ とするとき，4 元ポテンシャルを

$$A_\mu=(\boldsymbol{A}, iV) \tag{6}$$

によって定義する．

さて，与えられた $\boldsymbol{E}$，$\boldsymbol{B}$ に対して（2）の $\boldsymbol{A}$，V は一義的に定まらない．これを利用して（3）の右辺を 0 に選ぶことができる．このとき

$$\frac{1}{c}\frac{\partial V}{\partial t}+\mathrm{div}\,\boldsymbol{A}=0 \tag{7}$$

これをローレンツ条件という（これから本書ではこの条件を用いることにする）．この条件を採用するとき，電磁場の方程式は波動方程式

$$\left(\nabla^2-\frac{1}{c^2}\frac{\partial^2}{\partial t^2}\right)\boldsymbol{A}=0, \qquad \left(\nabla^2-\frac{1}{c^2}\frac{\partial^2}{\partial t^2}\right)V=0 \tag{8}$$

となる．

しかし，ローレンツ条件を採用しても $(\boldsymbol{A}, V)$ にはまだ任意性がある．それは $\chi(x, y, z, t)$ が

$$\left(\nabla^2-\frac{1}{c^2}\frac{\partial^2}{\partial t^2}\right)\chi=0 \tag{9}$$

（ダランベール方程式）を満たす関数とするとき，$(\boldsymbol{A}, V)$ が（8）を満足すると

き

$$\boldsymbol{A}'=\boldsymbol{A}-\mathrm{grad}\,\chi,\qquad V'=\Phi+\frac{\partial}{\partial t}\chi \tag{10}$$

という変換によってつくられる（$\boldsymbol{A}'$，V'）もやはり（8）を満足するからである（変換 (10) はゲージ変換とよばれる）．

いまの場合（物質が存在しないとき）は適当なゲージ変換をとることによって $V=0$ とすることができ，電磁場は

$$\boxed{\left(\nabla^2-\frac{1}{c^2}\frac{\partial^2}{\partial t^2}\right)\boldsymbol{A}=0,\qquad \mathrm{div}\,\boldsymbol{A}=0} \tag{11}$$

によって表される．

電　磁　波

(11) の解を

$$\boldsymbol{A}=\boldsymbol{e}\,\mathrm{e}^{i\boldsymbol{k}\cdot\boldsymbol{x}}=\boldsymbol{e}\,\mathrm{e}^{i(k_x x+k_y y+k_z z\pm\omega t)} \tag{12}$$

（$\boldsymbol{e}=(e_x,\ e_y,\ e_z)$ は波の偏りの方向を表す単位ベクトル）とおくと，これは (k_x，k_y，k_z) 方向に伝わる波（電磁波）を与える．このとき (11) の第1式は電磁波の振動数

$$\nu=\frac{\omega}{2\pi}=\frac{c}{2\pi}\sqrt{k_x{}^2+k_y{}^2+k_z{}^2} \tag{13}$$

を与える．c は波の速さであり，その波長 λ と波数 k は

$$\lambda=\frac{c}{\nu}=\frac{2\pi}{k},\qquad k=\sqrt{k_x{}^2+k_y{}^2+k_z{}^2} \tag{14}$$

である．また (11) の第2式は

$$(\boldsymbol{e}\cdot\boldsymbol{k})=e_x k_x+e_y k_y+e_z k_z=0 \tag{15}$$

を与えるが，これは波の偏り $\boldsymbol{e}$ が波の進行方向（波数ベクトル $\boldsymbol{k}$）に垂直であること，すなわち電磁波が横波であることを表している．

波数 $\boldsymbol{k}$ の可能な値（すなわち固有振動）をきめるのは境界条件である．よく使われる境界条件として，1辺の長さ L の立方体に対する周期条件をおくと，波の位相は x 方向に L だけ進んだときに 2πの整数 (0，±1，±2，…) 倍変わることに

なる．すなわち

$$k_x(x+L)=k_x x+2\pi\times(\text{整数}) \tag{16}$$

y, z 方向についても同様である．したがって固有振動の波数（k と書く）は

$$k=(k_x,\ k_y,\ k_z)=\frac{2\pi}{L}(n_x,\ n_y,\ n_z) \quad (n_x,\ n_y,\ n_z=0,\ \pm1,\ \pm2,\ \cdots) \tag{17}$$

で与えられる．

電磁場の量子化

固有振動の重ね合わせで電磁場を表すと

$$\boldsymbol{A}=\frac{1}{\sqrt{V}}\sum_k\{b_k(t)\mathrm{e}^{i\boldsymbol{k}\cdot\boldsymbol{x}}+b_k^*(t)\mathrm{e}^{-i\boldsymbol{k}\cdot\boldsymbol{x}}\} \tag{18}$$

となる($1/\sqrt{V}=1/L^{3/2}$ は規格化のための因子)．ここで b_k^* は b_k の複素共役である．(18) を (11) の第1式に入れると

$$\frac{d^2b_k}{dt^2}=-\omega_k^2 b_k \tag{19}$$

を得る．

(19) は単振動の運動方程式であるから直ちに量子化される．

$$Q_k=b_k+b_k^*, \qquad P_k=-i\omega_k(b_k-b_k^*) \tag{20}$$

とおくと振動子のハミルトニアンは

$$H=\frac{1}{2}(P_k^2+\omega_k^2Q_k^2) \tag{21}$$

となり，標準的な手続きで量子化される．すなわちおきかえ $P_k\to(\hbar/i)\partial/\partial Q_k$ により，シュレーディンガー方程式

$$\left(-\frac{\hbar^2}{2}\frac{d^2}{dQ_k^2}+\frac{1}{2}\omega_k^2\right)\psi_{k,n}=E_{k,n}\psi_{k,n} \tag{22}$$

を得る．したがって単振動のエネルギー固有値は

$$E_{k,n}=\left(n_{k,n}+\frac{1}{2}\right)\hbar\omega_k \qquad (n_{k,n}=0,\ 1,\ 2,\ \cdots) \tag{23}$$

となる．

ここで行列

$$N_k=\begin{pmatrix} 0 & 0 & 0 & \cdots \\ 0 & 1 & 0 & \cdots \\ 0 & 0 & 2 & \cdots \\ \cdots & \cdots & \cdots & \cdots \end{pmatrix} \tag{24}$$

を用いると (23) は行列の形で

$$E_k=\left(N_k+\frac{1}{2}\right)\hbar\omega_k \tag{25}$$

と書ける．これはエネルギー $\hbar\omega_k$ の光子が N_k 個ある状態を表すものと解釈する．すなわち準位の番号 $n_{k,n}$ を光子の個数と解釈するのである．電磁場をこのような光子の集まりと見るのである．

$P_k=(\hbar/i)\,\partial/\partial Q_k$ であるから交換関係

$$\begin{aligned} &P_kQ_l-Q_lP_k=\frac{\hbar}{i}\,\delta_{kl} \\ &P_kP_l-P_lP_k=0 \\ &Q_kQ_l-Q_lQ_k=0 \end{aligned} \tag{26}$$

が成り立つ．これを b_k と $b_k{}^*$ を量子化した b_k と $b_k{}^\dagger$ とで表すと，交換関係は

$$\begin{aligned} &b_kb_l{}^\dagger-b_l{}^\dagger b_k=1 \\ &b_kb_l-b_lb_k=0 \\ &b_k{}^\dagger b_l{}^\dagger-b_l{}^\dagger b_k{}^\dagger=0 \end{aligned} \tag{27}$$

となる．

行列表示で書くと光子数 $n_k=0,\,1,\,2,\,\cdots$の状態 $\psi_{n_k}(=\psi_{k,n})$ はそれぞれ

$$\psi_0=\begin{pmatrix} 1 \\ 0 \\ 0 \\ \cdots \end{pmatrix},\quad \psi_1=\begin{pmatrix} 0 \\ 1 \\ 0 \\ \cdots \end{pmatrix},\quad \psi_2=\begin{pmatrix} 0 \\ 0 \\ 1 \\ \cdots \end{pmatrix},\quad \cdots \tag{28}$$

と表される．これに応じて

$$b_k=\begin{pmatrix} 0 & 1 & 0 & 0 & \cdots \\ 0 & 0 & \sqrt{2} & 0 & \cdots \\ 0 & 0 & 0 & \sqrt{3} & \cdots \\ 0 & 0 & 0 & 0 & \cdots \\ \cdots & \cdots & \cdots & \cdots & \cdots \end{pmatrix} \mathrm{e}^{-i\omega_k t} \tag{29}$$

あるいは

$$(b_k)_{n_k-1,n_k}=\sqrt{n_k} \tag{30}$$

したがって

$$b_k\psi_{n_k}=\sqrt{n_k}\,\psi_{n_k-1} \tag{31}$$

また $b_k{}^*$ を量子化した $b_k{}^\dagger$ は

$$b_k{}^\dagger=\begin{pmatrix} 0 & 0 & 0 & 0 & \cdots \\ 1 & 0 & 0 & 0 & \cdots \\ 0 & \sqrt{2} & 0 & 0 & \cdots \\ 0 & 0 & \sqrt{3} & 0 & \cdots \\ \cdots & \cdots & \cdots & \cdots & \cdots \end{pmatrix} \mathrm{e}^{-i\omega_k t} \tag{32}$$

あるいは

$$(b_k{}^\dagger)_{n_k+1,n_k}=\sqrt{n_k+1} \tag{33}$$

したがって

$$b_k{}^\dagger\psi_{n_k}=\sqrt{n_k+1}\,\psi_{n_k+1} \tag{34}$$

となる．b_k は光子 $\hbar\omega_k$ を 1 個なくす演算子（消滅演算子），$b_k{}^\dagger$（b_k のエルミート共役）は光子を 1 個ふやす演算子（生成演算子）とよばれる．上式で $\sqrt{n_k+1}$ の中の $+1$ は次節に示すように自然放出に関係がある．

自然放出

1917 年にアインシュタイン（A. Einstein）はプランク（M. Planck）の輻射法則を導出するすばらしく，そして透徹した論文を発表している．これは自然放出という新しい概念で，後にレーザーの原理にもなったものである．

熱輻射（温度放射）の中にいくつかの原子をおいたとしよう．簡単のためこの原子はすべて 2 本のエネルギー準位 E_1 と E_2（$E_1<E_2$）しかとりえないとする．低い準位 E_1 にある原子は輻射場の影響でエネルギー $h\nu=E_2-E_1$ の光子を吸収（誘

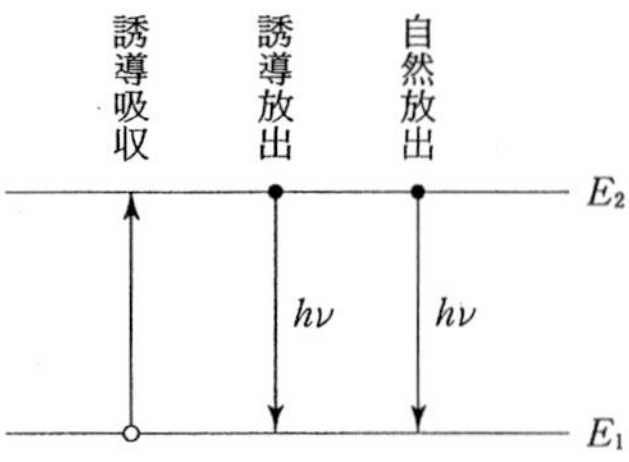

図 20　光子の吸収と放出

導吸収)することができる．また高い準位 E_2 にある原子は同じエネルギーの光子を放出することができるが，これには2つの過程が可能であることをアインシュタインは指摘したのである．そのうちの1つの過程は輻射場の影響でエネルギー $h\nu=E_2-E_1$ の光子を放出する過程であり(これは誘導吸収の逆過程で誘導放出とよばれる)，もう1つは輻射場の影響と関係なく同じエネルギーの光子を放出する過程である．この第2の過程は自然放出（自発放出）とよばれる．これはアインシュタインにより，次のようにしてはじめて指摘された過程である．

いま同じ原子が N_1+N_2 個あり，そのうち N_1 個は準位 E_1 にあり，N_2 個は準位 E_2 にあるとする．単位時間に下の準位 E_1 から上の準位 E_2 へ上がる誘導吸収のおこる回数は N_1 に比例し，輻射場のエネルギー密度 $\rho(\nu)$ に比例するにちがいない．ここで $\rho(\nu)$ は輻射場の単位体積中にあるエネルギー $h\nu=E_2-E_1$ の光子の個数である．したがって遷移 $E_1\rightarrow E_2$（誘導吸収）の頻度 $\mathrm{P}(1\rightarrow 2)$ は

$$\mathrm{P}(1\rightarrow 2)=A_{12}N_1\rho(\nu) \tag{35}$$

で与えられる（A_{12} は比例係数)．

次に上の準位 E_2 にある原子が下の準位 E_1 へ落ちる過程（$\mathrm{P}(2\rightarrow 1)$）は誘導放出によるものと自然放出によるものとがあるが，第1の過程は N_2 と $\rho(\nu)$ に比例し，第2の過程は N_2 だけに比例すると考えられる．したがって放出過程の頻度は

$$\mathrm{P}(2\rightarrow 1)=A_{21}N_2\rho(\nu)+BN_2 \tag{36}$$

である（A_{21} はこの場合の比例係数，B は自発放出の比例係数)．

したがって平衡状態では，吸収と放出の頻度がつり合って

$$\mathrm{P}(1\rightarrow 2)=\mathrm{P}(2\rightarrow 1) \tag{37}$$

となるから

$$A_{12}N_1\rho(\nu)=A_{21}N_2\rho(\nu)+BN_2 \tag{38}$$

あるいは，これを輻射エネルギー密度 $\rho(\nu)$ について解いて

$$\rho(\nu)=\frac{B}{(A_{12}(N_1/N_2)-A_{21})} \tag{39}$$

となる．ここで原子の個数の比 N_2/N_1 はボルツマン統計により

$$\frac{N_2}{N_1}=\mathrm{e}^{-(E_2-E_1)/kT}=\mathrm{e}^{-h\nu/kT} \tag{40}$$

で与えられる．

したがって

$$A_{12}=A_{21} \tag{41}$$

$$\frac{B}{A_{12}}=\frac{8\pi h\nu^3}{c^3} \tag{42}$$

と仮定すれば (39) からプランクの輻射公式

$$\rho(\nu)=\frac{8\pi\nu^2}{c^3}\frac{h\nu}{\mathrm{e}^{h\nu/kT}-1} \tag{43}$$

が導かれる（アインシュタインはこの簡潔な発見を大変気に入っていたそうである）．

【補注】 A_{12} と A_{21} は原子の状態の遷移確率である．たとえば第 18 講 (17) 式からわかるように，電子と輻射場との相互作用は，電子の運動量 $\boldsymbol{p}$ と電磁場のベクトルポテンシャル $\boldsymbol{A}$ との積 $\boldsymbol{p}\cdot\boldsymbol{A}$ に比例する．これを摂動とする計算によれば，$A_{12}=A_{21}$ であることが示される．

次に (42) の中の $8\pi\nu^2/c^3$ は輻射場の振動数が ν と $\nu+d\nu$ の間にある固有振動の個数が単位体積につき $(8\pi\nu^2/c^3)\,d\nu$ であることによる係数である．実際，光子のエネルギー $h\nu$ と運動量 p との間には

$$h\nu=cp \tag{44}$$

の関係があり，運動量が p と $p+dp$ の間のミクロ状態の数（位相空間の広さに比例する）が単位体積につき

$$\Omega=\frac{4\pi p^2\,dp}{h^3}=\frac{4\pi\nu^2\,d\nu}{c^3} \tag{45}$$

であること，光が横波で偏りが 2 つあることをあわせ考えれば，固有状態の数が $8\pi\nu^2 d\nu/c^3$ であることが導かれる．そして自発的な遷移の確率 B は当然この数に比例する．

さらに

$$n_\nu = \frac{1}{e^{h\nu/kT}-1} = \rho(\nu) \Big/ \frac{8\pi h\nu^3}{c^3} \tag{46}$$

は振動数 ν の光子の（固有状態 1 つあたりの）個数である．(41), (42), (46) から

$$\frac{\mathrm{P}(2\to1)/N_2}{\mathrm{P}(1\to2)/N_1} = \frac{n_\nu+1}{n_\nu} \tag{47}$$

が導かれる．ここで $\mathrm{P}(2\to1)/N_2$ は光子の数が n_ν から $n_\nu+1$ に変わる過程であり，$\mathrm{P}(1\to2)/N_1$ は光子の数が n_ν から $n_\nu-1$ に変わる過程であって，それぞれ光子の生成と消滅を伴う過程である．摂動計算によれば，これらの遷移確率は生成消滅演算子（(31), (34) 参照）

$$(b^\dagger)_{n+1,n} \propto \sqrt{n+1}, \qquad (b)_{n-1,n} \propto \sqrt{n} \tag{48}$$

の絶対値の 2 乗に比例することになるから

$$\begin{aligned} \frac{\mathrm{P}(2\to1)}{N_2} &\propto |(b_\nu{}^\dagger)_{n_\nu+1,n_\nu}|^2 \\ \frac{\mathrm{P}(1\to2)}{N_1} &\propto |(b_\nu)_{n_\nu-1,n_\nu}|^2 \end{aligned} \tag{49}$$

となる．こうして (47) も摂動計算で導かれるのである．これからわかるように $b^\dagger \propto \sqrt{n+1}$ の $+1$ は自然放出の可能性にかかわるものである．実際，光子が全くない真空状態 ($n=0$) でも原子からの自然放出によって光子が 1 個生まれる過程 ($n=0\to1$) の可能性はあるわけである．

Tea Time

科学がきらわれる理由

『科学がきらわれる理由』（バンダー著，松浦俊輔訳，青土社）という本がある．著者は心の進化論を専門とするイギリスの心理学者であるという．ここでいう「科学」は大変広い意味であり，数学から科学技術までが含まれていて，全体を要約するのは不可能である．

特に興味深く読んだのは「社会的脳」と題する第 7 章であった．つめていえば，

われわれ人類は社会的な人間関係に特に関心がある．これに比べれば物質的，物理的な世界はずっと軽いものだという．いろいろな面白い観察が述べられているのは霊長類であるサルの行動についてである．サルの社会は2つの点で他の哺乳類や鳥などの社会と大きく異なっている．1つはサルが派閥をつくることであり，もう1つは戦術的に他者をだますことである．野生の状態であれ，実験室であれ，時間をかけて調べたにもかかわらず，サル以外に戦術的嘘があることが明確にされたことはなく，またサル以外の種が直接の自己防衛のため以外に提携関係を組むことは観察されていないという．サルは階級をつくったり仲直りしたりして，文字通り頭を使っているのである．霊長類の社会集団の大きさと脳の新皮質の相対的な大きさの間に単純な関係がある．新皮質は能動的な思考の生じる脳の部分であると考えられていて，ふつうの哺乳類では脳の全体積の3分の1ほどであって旧世界サルでは60〜70％，チンパンジーで70％，現代人で80％を占めている．数十（数百？）万年前にサルの頭脳が進化して人類ができたのだろうが，社会的な事柄への気配りと関心が，物理的世界への関心に比べてずっと高い点では人類とサルとは共通点があるのかもしれない．

第 25 講

ディラック電子の波動場

— テーマ

- ◆ ディラック電子の波動場
- ◆ 反交換関係
- ◆ ハミルトニアン
- ◆ Tea Time：何のための数学か

ディラック場

ふつうの電子は正エネルギーの電子であるが，空孔理論によれば負エネルギー準位はすべて電子がつまっている．そして十分なエネルギーが与えられれば負エネルギーの電子が正エネルギーの電子になり，そのあとに空孔が生じ，これは陽電子に他ならない．こう考えるとディラック（P. A. M. Dirac）がはじめて考えた電子論は実は多体問題でなければならなかったはずである．

ディラック方程式に多体の電子を扱わせるには，電磁場の場合にならってディラック方程式を場の方程式（ディラック場）と見てこれを量子化（再度量子化，第2量子化）しなければならない．

話に具体性をもたせるため，まず電磁場のない場合のディラック方程式を考えよう（以下の話は電磁場のある場合に一般化できる）．ディラック方程式は（第15講（2）参照）

$$\left(i\hbar\frac{\partial}{\partial t}-i\hbar c\boldsymbol{\alpha}\cdot\nabla-\beta mc^2\right)\psi(\boldsymbol{r},\ t)=0 \qquad (1)$$

$(\nabla=(\partial/\partial x,\ \partial/\partial y,\ \partial/\partial z))$である．この方程式で$\psi$を演算子化したものが電子のディラック場である．

電磁場のない自由な電子の波動関数は第17講で求めた．それをまとめて書くと

$$\psi(\boldsymbol{r},\ t)=\begin{cases} u_1(\boldsymbol{p})\mathrm{e}^{i(\boldsymbol{p}\cdot\boldsymbol{r}-Et)/\hbar} \\ u_2(\boldsymbol{p})\mathrm{e}^{i(\boldsymbol{p}\cdot\boldsymbol{r}-Et)/\hbar} \\ u_3(\boldsymbol{p})\mathrm{e}^{i(-\boldsymbol{p}\cdot\boldsymbol{r}-Et)/\hbar} \\ u_4(\boldsymbol{p})\mathrm{e}^{i(-\boldsymbol{p}\cdot\boldsymbol{r}-Et)/\hbar} \end{cases} \tag{2}$$

となる．ここで

$$\begin{aligned} &u_1,\ u_2\text{に対しては正エネルギー}\quad E=E_+=\sqrt{m^2c^4+c^2\boldsymbol{p}^2} \\ &u_3,\ u_4\text{に対しては負エネルギー}\quad E=E_-=-\sqrt{m^2c^4+c^2\boldsymbol{p}^2} \end{aligned} \tag{3}$$

である．粒子は1辺の長さLの立方体にあり，波動関数に周期条件をおくと運動量$\boldsymbol{p}$とエネルギーの固有値Eは

$$\begin{aligned} &p_x=\frac{2\pi\hbar}{L}n_x,\qquad p_y=\frac{2\pi\hbar}{L}n_y,\qquad p_z=\frac{2\pi\hbar}{L}n_z \\ &\qquad(n_x,\ n_y,\ n_z=0,\ \pm1,\ \pm2,\ \cdots) \\ &E=\pm\sqrt{m^2c^4+c^2p^4}=\pm E_p \end{aligned} \tag{4}$$

となる．一般の運動はこれらの重ね合わせである．

$(u_1,\ u_2,\ u_3,\ u_4)$を便宜上$u_i(i=1,\ 2)$と$v_i(i=1,\ 2)$とに分けて

$$u=\begin{pmatrix} u_1 \\ u_2 \\ 0 \\ 0 \end{pmatrix},\qquad v=\begin{pmatrix} 0 \\ 0 \\ v_1 \\ v_2 \end{pmatrix} \tag{5}$$

とする．これらの解を係数c_{ps}と$d_{ps}{}^+$の線形結合で表し

$$\psi(\boldsymbol{r},\ t)=\frac{1}{L^{3/2}}\sum_p\sqrt{\frac{mc^2}{E_p}}\sum_{s=1}^{2}\{c_{ps}u_s(\boldsymbol{p})\mathrm{e}^{ip\cdot r}+d_{ps}{}^+v_s(\boldsymbol{p})\mathrm{e}^{-ip\cdot r}\} \tag{6}$$

と書こう．粒子の運動を正エネルギーの運動u_sと負エネルギーの運動v_sの重ね合わせで表したのである．

ここで上式のc_{ps}や$d_{ps}{}^+$を演算子と考えることによって量子化が達成される．

これに似た場合として電磁場の量子化（前講）では光子の波動関数を

$$\psi \sim b_p \mathrm{e}^{ip\cdot r} + b_p{}^+ \mathrm{e}^{-ip\cdot r} \tag{7}$$

として b_p, $b_p{}^+$ を演算子と考え，その間に変換関係

$$b_p b_p{}^+ - b_p{}^+ b_p = 1 \tag{8}$$

などの交換関係をおいた．もしも c_p, $d_p{}^+$ などの演算子の間にこれと同じような変換関係をおくとすると，われわれは光子と同じようにボース粒子を記述することになるだろう．電子は光子とちがってボース粒子ではなく，パウリ原理（排他原理）にしたがうフェルミ粒子である．そこで電子の状態を記述するためには，交換関係として全く別のものを設定しなければならない．

実際，電子や陽電子などのフェルミ粒子では次のような交換関係をおく．

$$\begin{aligned}
&c_{ps}c_{p'r}{}^+ + c_{p'r}{}^+ c_{ps} = \delta_{rs}\delta_{pp'} \\
&c_{ps}c_{p'r} + c_{p'r}c_{ps} = c_{ps}{}^+ c_{p'r}{}^+ + c_{p'r}{}^+ c_{ps}{}^+ = 0 \\
&d_{ps}d_{p'r}{}^+ + d_{p'r}{}^+ d_{ps} = \delta_{rs}\delta_{pp'} \\
&d_{ps}d_{p'r} + d_{p'r}d_{ps} = d_{ps}{}^+ d_{p'r}{}^+ + d_{p'r}{}^+ d_{ps}{}^+ = 0 \\
&c_{ps}d_{p'r} + d_{p'r}c_{ps} = c_{ps}{}^+ d_{p'r}{}^+ + d_{p'r}{}^+ c_{ps}{}^+ = 0 \\
&c_{ps}{}^+ d_{p'r} + d_{p'r}c_{ps}{}^+ = c_{ps}d_{p'r}{}^+ + d_{p'r}{}^+ c_{ps} = 0
\end{aligned} \tag{9}$$

これらを反交換関係という．

電磁場の場合 $b_p{}^* b_p = n_p$ は光子の個数であった．これにならって

$$n_{ps}{}^{\text{正}} = c_{ps}{}^+ c_{ps} \tag{10}$$

とすると上の反交換関係を用いて

$$(n_{ps}{}^{\text{正}})^2 = (c_{ps}{}^+ c_{ps})(c_{ps}{}^+ c_{ps}) = c_{ps}{}^+ (1 - c_{ps}{}^+ c_{ps}) c_{ps} \tag{11}$$

さらに（9）第2式で $r=s$, $p=p'$ とすると $c_{ps}{}^+ c_{ps}{}^+ = c_{ps}c_{ps} = 0$ となるから

$$(n_{ps}{}^{\text{正}})^2 = n_{ps}{}^{\text{正}} \tag{12}$$

したがって $n_{ps}{}^{\text{正}}$ の固有値は0と1である．同様にして $n_{ps}{}^{\text{負}} = d_{ps}{}^+ d_{ps}$ の固有値も0と1である．これは1つの状態にただ1個の粒子しか入り得ないことを意味し，粒子がフェルミ粒子であることを表している．

波動関数（6）を

$$\psi(\boldsymbol{r},\ t) = \psi_p(\boldsymbol{r}) \tag{13}$$

と書き，これを用いて反交換関係を表すと

$$\begin{aligned}
&\psi_p(\boldsymbol{r})\psi_{p'}^{+}(\boldsymbol{r}')+\psi_{p'}^{+}(\boldsymbol{r}')\psi_p(\boldsymbol{r})=\delta_{pp'}\delta(\boldsymbol{r}-\boldsymbol{r}')\\
&\psi_p(\boldsymbol{r})\psi_{p'}(\boldsymbol{r}')+\psi_{p'}(\boldsymbol{r}')\psi_p(\boldsymbol{r})=0\\
&\psi_p^{+}(\boldsymbol{r})\psi_{p'}^{+}(\boldsymbol{r}')+\psi_{p'}^{+}(\boldsymbol{r}')\psi_p^{+}(\boldsymbol{r})=0
\end{aligned}\tag{14}$$

となる．

ハミルトニアン

自由な電子のハミルトニアンは

$$H_0=\int\psi^{+}\left(\frac{\hbar}{i}c\boldsymbol{\alpha}\cdot\nabla+mc^2\beta\right)\psi d\boldsymbol{r}\tag{15}$$

と書かれる．(6) を代入して c_{ps} などで表すとこれは

$$\begin{aligned}
H_0&=\sum_p\{E_{+}(c_{p1}^{+}c_{p1}+c_{p2}^{+}c_{p2})-E_{-}(d_{p1}d_{p1}^{+}+d_{p2}d_{p2}^{+})\}\\
&=\sum_p\{E_{+}(p)(n_{p1}^{\text{正}}+n_{p2}^{\text{正}})+|E_{-}(p)|(n_{p1}^{\text{負}}+n_{p2}^{\text{負}})\}-2\sum_p|E_p|
\end{aligned}\tag{16}$$

となる．ここで添字 1，2 はスピンの 2 つの状態を表している．

なお，粒子間に相互作用 $V(\boldsymbol{r},\ \boldsymbol{r}')$ があるときのハミルトニアンを量子化された波動関数 ψ で表すと

$$H=H_0+H',\qquad H'=\iint\psi^{+}(\boldsymbol{r})V(\boldsymbol{r},\ \boldsymbol{r}')\psi(\boldsymbol{r}')d\boldsymbol{r}d\boldsymbol{r}'\tag{17}$$

となることが示される．

量子化された波動関数で書くと，粒子の場のハミルトニアンはあたかも 1 粒子，あるいは粒子系のハミルトニアンと同様な形に表されるのである（場の量子化については『物性物理 30 講』を参照されたい）．

Tea Time

何のための数学か

モーリス・クラインという人が書いた『何のための数学か——数学本来の姿を求めて』（雨宮一郎訳，紀伊國屋書店）という本がある．著者はニューヨーク大学

のクーラント数学研究所の名誉教授で，多くの著書があり，数学とは何かということの歴史的解明と，これに基づく数学の教育に深い関心をもっているという．この本の序文には『数学はよく学校で教えられているような単なる記号操作の技術ではない．数学の目標は，実は外界の現象であって，そこから予想もしなかった知識，時には感覚と矛盾するような知識を引き出すのである．それは物質界についての知識の精髄であり，感覚をはるかに凌駕しているのである.」と書いている．

またこの本の最後のところでは，次のように述べている：「現代の一部の数学者は自然との絆を断とうとする傾向があり，一部の哲学者までこれに同調している．数学にたずさわる人々がこのことを充分に反省しなければ，クーラントがいうように数学も自然科学も共に亡びることになるだろう．数学は過去何千年の間，外界の探究に伴って成長し，その成果によって評価されて来たが，その外的な形態は変わっても，今後発展しつづけるためには，自然とのつながりを見失わないようにしなければならない.」

数学と物理学との関係について考えるためにいくつかの本を読んだ．どの本だったか覚えていないが，クロネッカー（L. Kronecker，1823-1891）の言葉が大変気にいった．それは「自然数は神がお創りになったものであり，その他のものは人間が作ったものである」という言葉である．しばしばこの言葉を思いだす．「その他のもの」という点では数学と物理を区別しない．

第 26 講

電子の自己エネルギー

―テーマ

- ◆ 古典的な電子
- ◆ ラプラス-ポアソン方程式
- ◆ 電子の相互作用
- ◆ Tea Time：有効質量の例

古典的な電子論

電子は $-e$ の電気量をもっている．この電子がどのようにしてこの荷電を保持しているかは謎であるが，もしも電子がさらに小さく分けられるとすれば同種の電気はたがいに反発し合うというクーロン（Coulomb）の法則によって，電子の荷電は飛び散ってしまうにちがいない．この反力に抗して荷電を電子に集中しておくには大きな力とエネルギーが必要である．電子が無限に小さかったらこれに要するエネルギーは無限大になってしまう．

もしも電子が半径 r_0 の球であるとし，その範囲に全荷電 $-e$ が乗っているとするとそのエネルギーは

$$U_0 \simeq \frac{e^2}{r_0} \qquad (\text{静電単位}) \qquad (1)$$

であることが示される．これは古典的な電子の自己エネルギーである．

相対性理論によればエネルギーは質量を伴い，エネルギー E とその質量 m との間には $E=mc^2$（c は光速度）の関係がある．したがって電子は荷電のために

$$m_{\mathrm{em}}=\frac{U_0}{c^2} \tag{2}$$

の余分な質量をもつわけである．これを電子の電磁的質量という．電子の質量がすべて電磁気的なものであるという考えもあったが，これは無理なようで，電子はまだ得体のしれない（本来的な）質量と電磁的質量を合わせもっているらしい．

電子の荷電によるエネルギー E_0 は，その荷電のために電子のまわりにできる電磁場のエネルギーと考えることもできる．

これらは静止した電子のもつエネルギー，あるいは静的な電磁的質量であるが，電子を加速するときにはその周辺の電磁場が変化しエネルギーが増加する．その反作用として電子にはたらく力から電子の電磁的質量を定義することもできる．これはいわば電子の動的な電磁質量であるが，これも上式と同程度の値を与える．

いずれにしても，古典電磁気学で考えた電子の自己エネルギーや電磁質量は，電子の半径 r_0 を 0 にした極限で無限大になる．これを古典電子論における発散の困難という．

なお，電子の質量 m の全部が電磁質量 m_{em} であるとすると，$U_0=e^2/r_0=mc^2$，したがって

$$r_0=\frac{e^2}{mc^2}=2.8\times10^{-13}(\mathrm{cm}) \tag{3}$$

となる．これを電子の古典半径という．

ラプラス-ポアソン方程式

場の理論では場の量をフーリエ分解して考えることが多いので，電子の自己エネルギーもフーリエ成分で書かれる．これを調べる前に静電クーロン力の場について少し述べておきたい．

原点に点電荷 Q があるとき，静電クーロン力の電場の大きさ E と静電ポテンシャル U は

$$\begin{aligned} E(\boldsymbol{r})&=\frac{Q}{r^2}=-\frac{\partial U}{\partial r} \\ U(r)&=\frac{Q}{r} \qquad (r=|\boldsymbol{r}|) \end{aligned} \tag{4}$$

で与えられる．そこで原点を中心とする半径 R の球面 S について電場の大きさ E を積分すると

$$\int_S EdS = \int_S \frac{Q}{r^2} 4\pi r^2 dr = 4\pi Q \qquad (5)$$

を得る．これは積分した球面の半径 R によらないから，電場のベクトル $\boldsymbol{E}$（大きさ E）は原点からあらゆる方向にとぎれないで広がっていることがわかる．電場ベクトルは圧縮されない流体のように点電荷から放射状に流れ出ていて，電荷は電場ベクトルの湧き口とみなすことができる（図 21）．

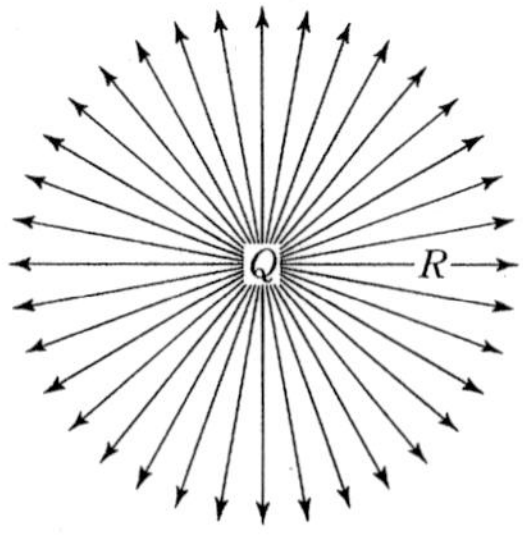

図 21　電気力線の湧き口

電場ベクトル $\boldsymbol{E}$ をつないだ線を電気力線という．電気力線が圧縮されない流体にたとえられることを方程式で表せば

$$\mathrm{div}\,\boldsymbol{E} = \frac{\partial E_x}{\partial x} + \frac{\partial E_y}{\partial y} + \frac{\partial E_z}{\partial z} = 0 \qquad (6)$$

となる．実際，$\boldsymbol{E}$ はこのとき

$$\boldsymbol{E} = (E_x,\ E_y,\ E_z) = \left(\frac{Qx}{r^3},\ \frac{Qy}{r^3},\ \frac{Qz}{r^3}\right) \qquad (7)$$

であることを用いて直接確かめられる．（6）が成り立つのは原点にある電荷を除いた領域であって，原点の電荷は湧き口になっている．$\boldsymbol{E}$ を単位時間に単位断面積を通る流量と考えれば（5）により $4\pi Q$ は原点から単位時間に流れ出る流量にたとえられる．これを方程式で表せば，原点を含めて

$$\mathrm{div}\,\boldsymbol{E} = 4\pi Q \delta(\boldsymbol{r}) \qquad (8)$$

となる．ここで $\delta(\boldsymbol{r})$ は，原点 $\boldsymbol{r}=0$ を除いた領域では 0 であって原点を含めた領域で積分すれば 1 になる関数である．すなわち

$$\delta(\boldsymbol{r}) = 0 \quad (\boldsymbol{r} \neq 0), \qquad \int \delta(\boldsymbol{r})\, d\boldsymbol{r} = 1 \qquad (9)$$

これをディラック（Dirac）のデルタ関数（δ 関数）という．

電荷が 1 点に集中せず，広がって分布しているときはその電荷密度を $\rho(\boldsymbol{r})$ としたとき，（8）の代わりに

$$\mathrm{div}\,\boldsymbol{E}=4\pi\rho(\boldsymbol{r}) \tag{10}$$

が成り立つ．これはガウス（Gauss）の法則とよばれている．

一般の電荷分布の場合も静電場 $\boldsymbol{E}$ は静電ポテンシャル ϕ を用いて

$$\boldsymbol{E}=-\mathrm{grad}\,\phi \tag{11}$$

と表される．ここでベクトル公式

$$\mathrm{div\,grad}=\frac{\partial^2}{\partial x^2}+\frac{\partial^2}{\partial y^2}+\frac{\partial^2}{\partial z^2}=\nabla^2 \tag{12}$$

を用いれば，(10) から荷電密度 $\rho(\boldsymbol{r})$ による静電ポテンシャル ϕ に対して成り立つ式

$$\nabla^2\phi=-4\pi\rho(\boldsymbol{r}) \tag{13}$$

が導かれる．これをラプラス-ポアソン方程式(あるいはポアソン方程式)といい，電荷 $\rho(\boldsymbol{r})=0$ の場所で成り立つ方程式 $\nabla^2\phi=0$ をラプラス方程式という．

静電場のフーリエ分解

原点に電荷 e があるとき，これによる静電ポテンシャルを $\phi(\boldsymbol{r})$ とし，これをフーリエ分解して

$$\frac{e}{r}=\phi(\boldsymbol{r})=\frac{1}{L^3}\sum_{\boldsymbol{k}}c_{\boldsymbol{k}}\mathrm{e}^{i\boldsymbol{k}\cdot\boldsymbol{r}} \tag{14}$$

とする．ラプラス-ポアソン方程式はこの場合

$$\nabla^2\phi=-4\pi e\delta(\boldsymbol{r})=-4\pi e\frac{1}{L^3}\sum_{\boldsymbol{k}}\mathrm{e}^{i\boldsymbol{k}\cdot\boldsymbol{r}} \tag{15}$$

であるから $k^2={k_x}^2+{k_y}^2+{k_z}^2$ と書くと

$$-\sum_{\boldsymbol{k}}k^2c_{\boldsymbol{k}}\mathrm{e}^{i\boldsymbol{k}\cdot\boldsymbol{r}}=-4\pi e\sum_{\boldsymbol{k}}\mathrm{e}^{i\boldsymbol{k}\cdot\boldsymbol{r}} \tag{16}$$

したがって

$$c_{\boldsymbol{k}}=\frac{4\pi e}{k^2} \tag{17}$$

となる．すなわち，静電ポテンシャル e/r のフーリエ成分は k^{-2} に比例する．

また

$$\nabla^2\phi(\boldsymbol{r})=-4\pi e\delta(\boldsymbol{r}) \tag{18}$$

ならば

$$\phi(\boldsymbol{r})=\frac{e}{r} \qquad (r=|\boldsymbol{r}|) \tag{19}$$

である．

グリーン関数

位置 $\boldsymbol{r}'$ に単位電荷があるとき，位置 $\boldsymbol{r}$ における電場を $g(\boldsymbol{r},\ \boldsymbol{r}')$ とすれば，これが満たすラプラス-ポアソン方程式 (13) は

$$\nabla^2 g(\boldsymbol{r},\ \boldsymbol{r}')=-4\pi\delta(\boldsymbol{r}-\boldsymbol{r}') \tag{20}$$

であり，この方程式の解は (19) により

$$g(\boldsymbol{r},\ \boldsymbol{r}')=\frac{1}{|\boldsymbol{r}-\boldsymbol{r}'|} \tag{21}$$

で与えられる．また，電荷 e_1, e_2, … が $\boldsymbol{r}_1{}'$, $\boldsymbol{r}_2{}'$, … にあるときの電場を $\phi(\boldsymbol{r})$ とすると

$$\nabla^2\phi(\boldsymbol{r})=-4\pi\sum_i e_i\delta(\boldsymbol{r}-\boldsymbol{r}_i{}') \tag{22}$$

$$\phi(\boldsymbol{r})=\sum_i \frac{e_i}{|\boldsymbol{r}-\boldsymbol{r}_i{}'|} \tag{23}$$

である．

ここで $\rho(\boldsymbol{r}')=\sum_i e_i\delta(\boldsymbol{r}'-\boldsymbol{r}_i{}')$ は $\boldsymbol{r}'$ における電荷密度と解釈される．そこで $\rho(\boldsymbol{r}')$ の電荷密度で電荷が連続的に広がっているときの電場を $\phi(\boldsymbol{r})$ とすれば，これが満たすラプラス-ポアソン方程式は

$$\nabla^2\phi(\boldsymbol{r})=-4\pi\rho(\boldsymbol{r}) \tag{24}$$

となる．これは (13) にほかならない．そして

$$\int\frac{\rho(\boldsymbol{r}')\,d\boldsymbol{r}'}{|\boldsymbol{r}-\boldsymbol{r}'|}=\sum_i\int\frac{e_i\delta(\boldsymbol{r}'-\boldsymbol{r}_i{}')}{|\boldsymbol{r}-\boldsymbol{r}'|}\,d\boldsymbol{r}'$$

$$=\sum_i\frac{e_i}{|\boldsymbol{r}-\boldsymbol{r}_i{}'|} \tag{25}$$

からわかるように (24) の解は

$$\phi(\boldsymbol{r})=\int\frac{\rho(\boldsymbol{r}')\,d\boldsymbol{r}'}{|\boldsymbol{r}-\boldsymbol{r}'|} \tag{26}$$

で与えられる．

(20) の解 (21) を用いれば (24) の解 (26) は

$$\phi(\boldsymbol{r})=\int g(\boldsymbol{r},\ \boldsymbol{r}')\rho(\boldsymbol{r}')\,d\boldsymbol{r}' \tag{27}$$

と書ける．

一般に $\mathscr{L}$ を線形(解の重ね合わせができる)演算子とし，$G(\boldsymbol{r},\ \boldsymbol{r}')$ を与えられた境界条件を満たす

$$\mathscr{L}G(\boldsymbol{r},\ \boldsymbol{r}')=-4\pi\delta(\boldsymbol{r}-\boldsymbol{r}') \tag{28}$$

の解とするとき，$G(\boldsymbol{r},\ \boldsymbol{r}')$ を $\mathscr{L}$ のグリーン関数という((20) は (19) のグリーン関数である)．$\mathscr{L}$ のグリーン関数 $g(\boldsymbol{r},\ \boldsymbol{r}')$ を用いると

$$\mathscr{L}\phi(\boldsymbol{r})=v(\boldsymbol{r}) \tag{29}$$

の同じ境界条件を満たす解 $\phi(\boldsymbol{r})$ は

$$\phi(\boldsymbol{r})=-\frac{1}{4\pi}\int G(\boldsymbol{r},\ \boldsymbol{r}')v(\boldsymbol{r}')\,d\boldsymbol{r}' \tag{30}$$

で与えられる．

自己エネルギー

前節では電荷 e_1 による電場の中で e_2 がもつエネルギーと，電荷 e_2 による電場の中で電荷 e_1 がもつエネルギーとを考えた．このとき電荷が自分自身のつくる電場と相互作用をすることは考えなかった．しかし自分自身のつくる電場との相互作用のエネルギーがあればこれは電荷の自己エネルギーに寄与する．古典電磁気学ではこれを無視することができるかもしれないが，量子力学的な場の理論では古典論の場合とちがった別の問題もある．

場の量子論によれば電子と真空（あるいは電磁場）とはベクトルポテンシャル $\boldsymbol{A}$ を通して相互作用をするが，すでに述べたようにベクトル $\boldsymbol{A}$ のフーリエ成分の係数 b^+ と b は真空から光子を生成したり，その光子を消滅したりする作用がある．そのため電子はその周囲とたえず光子をやりとりしていて，いわば光子の着物を着ている．これは古典電磁気的にいうと自分自身のつくる電磁場との相互作用であるが，その他にも電子は真空と相互作用して負のエネルギーの準位から電子をとり出し，そのあとに空孔（すなわち陽電子）をつくる作用もする．この電子と

陽電子は遠くへ行かずにすぐ結合して消滅するといういわば仮想的な過程（真空の偏極）なのであるが，このために電子はその周囲に電子・陽電子の雲をまとった状態になっている．電子はこのために余分な電磁的質量の他に電磁的な電荷ももっていると考えられる．

Tea Time

有効質量の例

ニュートン力学において，質量 m の物体の速度を v，これにはたらく外力を f とすると運動方程式は

$$m\frac{dv}{dt}=f$$

である．ここで外力のする仕事 fdx だけ物体のエネルギー E が増えると考えると

$$E=\frac{1}{2}mv^2$$

を得る．

【結晶内の電子】 結晶の中の電子は，全く自由な電子であれば $mv^2/2$ のエネルギーをもつ．しかし結晶の原子による周期電場がはたらくので，電子のエネルギーは

$$E=\frac{1}{2}m'v^2$$

で近似される．このとき m' は電子の有効質量とよばれる．

【完全流体中を動く球】 粘性のない流体（密度 ρ）の中を半径 a の球（質量 m）が一定の速度 v で動くとき，流体は球のまわりを避けて流れるので，球の運動と流体の運動を合わせた運動エネルギーは

$$E=\frac{1}{2}mv^2+\frac{1}{2}\frac{2\pi}{3}a^3\rho v^2$$

と計算される．この球に外力 f を加えて加速するときは $dE=fdx$ だけの仕事が加わるので

$$dE = \left(m + \frac{2\pi}{3} a^3 \rho \right) v dv = f dx$$

ここで $v = dx/dt$ を用いると

$$f = m_{\mathrm{eff}} \frac{dv}{dt}$$

ただし

$$m_{\mathrm{eff}} = m + \frac{2\pi}{3} a^3 \rho$$

をつくる．これがこの球の有効質量である（$(2\pi/3)\,a^3\rho$ は球が排除する流体の質量の半分に等しい．『流体力学 30 講』p. 50 参照)．

【球状荷電粒子】　荷電粒子のまわりには電気力線と磁力線を伴う電磁場があり，速度が変わればそのためのエネルギーも変わる．運動方程式は（非相対論的）

$$m \dot{\boldsymbol{v}} = \boldsymbol{F} - m_{\mathrm{eff}} \dot{\boldsymbol{v}} + \frac{e^2 \boldsymbol{B} \ddot{\boldsymbol{v}}}{\sigma \pi \varepsilon_0 c^3}$$

と書ける．右辺第 1 項は外力，第 3 項は電磁放射の反作用，第 2 項は有効質量

$$m_{\mathrm{eff}} = m_0 + m_{\mathrm{em}}$$

である．ただし m_0 は電子の静止質量，m_{em} は電磁質量である（『電磁気学 30 講』p. 182 参照)．

第 27 講

くり込み理論

—テーマ

- ◆ 無限大の質量
- ◆ 散乱断面積
- ◆ くり込み理論
- ◆ Tea Time：ハングリー精神

量子電磁気学の難点

相互作用をする粒子の場と電磁場を量子論的に扱うのが量子電磁気学である．電子の場としてはディラック方程式を量子化したものを用い，光子場に対してはマクスウェル方程式を量子化したものを用いる．これらについては本書の前講までにおいてややくわしく述べてきた．電子と電磁場とが相互作用する現象については，あまり深く踏み込まないで，電子を単なる粒子として扱い，電荷や質量などを現象論的に既知のものとして扱った場合が多い．

このような理論で相互作用を十分考えないでも答が得られて実験ともよく合う現象が多数あることが知られている．たとえば原子のエネルギー準位とか，電子の弾性散乱などである．相互作用が問題になるのは電子による光の放出，吸収などであるが，これらの現象においても，相互作用を小さいものと仮定した最低次の摂動計算が実験とよく合う場合がいろいろ知られている．したがって電子場と光子場の相互作用の影響は実際上十分小さなものであることが，経験的に確かめられているように思われる．

ところが，高次の補正を摂動論的に調べてみると，困ったことに理論では無限大の量が出てきてしまうことが注目された．たとえば水素原子のエネルギー準位は，光子場との相互作用を全く無視してディラックの相対論的量子力学を厳密に解くと相対論的な微細構造が得られ，これは実験とよく一致する結果を与える(第21講)．しかしこの準位が相互作用でどれくらい変化を受けるかを摂動計算してみると，それぞれの準位が無限大の大きさでずれてしまうという困った結論になる．

電場における電子の弾性散乱でも光子場のことを何も考えないで計算すると実験とよく合う結果が得られるが，光子場との相互作用をとり入れると本講で示すように散乱の確率が無限大になってしまう．

このように光子場との相互作用を扱うとあちこちで無限大が現れて理論が破綻してしまうことが1940年代に明らかになった．そのため，量子電磁気学や素粒子論を押し進めるにはこの困難を何とか越えて行かなければならなくなった．理論における無限大の量の現れ方をくわしく吟味整理して，それがもたらす困難を除去する方法として朝永振一郎先生はくり込み理論という処方を考え出した．1947年頃のことである．ここでは電子の弾性散乱の問題を中心にして，朝永先生の解説（『物理学の方向』，三一書房，1949）などを参考にしながらこの理論のあらましを説明することにしたい．

ディラック（Dirac）の電子論による自由な電子のハミルトニアン（第17講）に，電子と相互作用をしていない電磁場のハミルトニアン $H_{\mathrm{e_1m_1}}$ を加えたものを無摂動のハミルトニアン H_0 とすると

$$H_0=\int\psi^*\{(\boldsymbol{\alpha}\cdot\boldsymbol{p})+m_0\beta c^2\}\psi d^3\boldsymbol{r}+H_{\mathrm{em}} \qquad (1)$$

となる．ここで m_0 は光子場と相互作用をしないときの電子の質量である．これに電子場と電磁場との相互作用

$$H'=e\int\{\psi^*(\boldsymbol{\alpha}\psi\cdot\boldsymbol{A})-\psi^*\psi A_0\}d^3\boldsymbol{r} \qquad (2)$$

（$\boldsymbol{A}$，A_0 はベクトルポテンシャルとスカラーポテンシャル）を加えたものが全系のハミルトニアン

$$H=H_0+H' \qquad (3)$$

である．

無限大の質量

話を具体的にするために，原子などの電場によって電子が散乱される現象を１つの例として考えよう．

ハミルトニアン $H=H_0+H'$ の摂動項 H' の中の $\boldsymbol{\alpha}\cdot\boldsymbol{A}$ は光子場(真空の電磁場，ベクトルポテンシャル $\boldsymbol{A}$)と電子との相互作用を表し，A_0 は電子を散乱する静電ポテンシャル $V(\boldsymbol{r})$ のための項（スカラーポテンシャル $A_0=V(\boldsymbol{r})$）である．

運動量 $\boldsymbol{p}$ の電子が入射してポテンシャル $V(\boldsymbol{r})$ によって進路を曲げられて運動量 $\boldsymbol{q}$ となって散乱される確率（断面積）を問題にする．弾性散乱($|\boldsymbol{p}|=|\boldsymbol{q}|$ のとき)の断面積 σ_0 の計算では散乱ポテンシャル $V(\boldsymbol{r})$ が重要な役目をするので，これを無摂動系のハミルトニアン H_0 に含ませて（ディラック場）

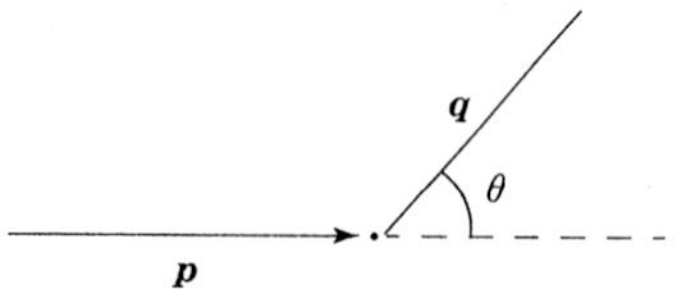

図 22　散乱

$$H_0=\int\psi^*\{(\boldsymbol{\alpha}\cdot\boldsymbol{p})+m\beta c^2-eV\}\psi d^3\boldsymbol{r} \quad (4)$$

としよう．これを用いて計算すると弾性散乱の断面積 σ_0 は

$$\sigma_0=\text{const.}\ e^2|V(\boldsymbol{p},\ \boldsymbol{q})|^2\frac{\boldsymbol{p}^2+(\boldsymbol{p}\cdot\boldsymbol{q})+2m^2c^2}{\boldsymbol{p}^2+m^2c^2} \quad (5)$$

となる．ここで const. は電子の荷電 $-e$，質量 m などを含まない定数係数であり，$V(\boldsymbol{p},\ \boldsymbol{q})$ は散乱ポテンシャルの行列要素である．電子の質量と荷電とは光子場との相互作用（自己エネルギー）で変わる可能性があるので，上の表式で特に明示しておいた．

電子が原子内の原子核によって散乱されるときは (5) はよく知られたラザフォード (Rutherford) の散乱式である．この散乱では m および e として実際に観測されている電子の質量と荷電とを用いた式が散乱の実験とよく合うことが知られている．したがって，ここで理論計算を止めておけば量子力学は一応の成功を収めたことになる．

しかし理論上，上の計算で考慮に入れなかった電子と光子場（電磁場）との相互作用を無視することはできない．この相互作用によって電子は自己エネルギーをもつようになり，そのために余分な質量（電磁質量）ももつことになる（電子は光子場の着物をまとっているのである）．電磁場はベクトルポテンシャル $\boldsymbol{A}$ で表され，電子との相互作用は $\boldsymbol{\alpha}\cdot\boldsymbol{A}$ ((2) 参照)から摂動計算によって計算されるが，このため電子は余分な質量（電磁質量）をもつことになり，その理論値は実は無限大になってしまう．

光子場との相互作用がなかったとしたときの電子の質量を m_0 とすると，光子場との相互作用（反作用）のために電子がもつと考えられる余分な質量の主要項は

$$\delta m=\frac{3e^2m_0}{2\pi\hbar c}\int\frac{dk}{k} \tag{6}$$

と計算される（証明略）．

この式において波数 k に関する積分の下限は0，上限は ∞ であるべきだが，この両端において積分値は発散してしまう．k の小さいところは長い波長（赤外線）に，k の大きなところは短い波長（紫外線）に相当するので，$k\sim 0$ における発散を赤外異変（赤外部発散），$k\sim\infty$ における発散を紫外異変という．

(6)を導く摂動計算では電子場が光子場や陽電子場と相互作用して，光子を放出したり吸収したりする種々の過程を考慮しなければならず，複雑な過程をどこまでとり入れることができたかによって摂動近似の高さが異なることになる((6)は e^2 の量までとり入れた値で，さらに高次の摂動は e^4 以上の高次になる)．赤外異変の方は適切な摂動をとり入れることによっておそらく除去されると思われるが，紫外異変には本質的な困難がひそんでいるらしい．この困難を除くために電子が点電荷でなく，ある大きさをもっていると仮定することが考えられる．しかし大きさをもった素粒子という概念を相対性理論に適合させることはいままでのところ成功していない．積分の上限に物理的な考察を加えて，ある値までに止める切断の方法がよく用いられているが切断の規準が特に定まっていないのであるから，これは最終的な理論となりえないものである．現在の量子電磁気学の理論は本質的な欠点をもっているのであろう．これをとり除く方法はまだ見当たらないので，この困難を迂回する道がさぐられているのであって，くり込み理論はその有効な方法の候補の１つなのである（電磁気的質量などという量はおそらく無

限大ではなく，小さな量にすぎないかもしれない）．

なお電子の質量だけでなく，電子の荷電 $-e$ も電子場と真空との相互作用によって変化していると考えられる．その荷電変化は

$$\delta e = -e\frac{2e^2}{3\pi\hbar c}\int\frac{dk}{k} \tag{7}$$

と考えられる．真空との相互作用により，電子の荷電はある範囲に広がった荷電分布をしていて，その半径は

$$r \sim \frac{\hbar}{mc} = 0.39\times10^{-10}(\mathrm{cm}) \tag{8}$$

（m は電子の質量）の程度であると考えられている．

無限大の断面積

さて，もう一度出発点にもどって，光子場との相互作用がないとしたときの電子の質量を m_0 とし，電子と電磁場の体系のハミルトニアンを

$$H = H_0 + H' \tag{9}$$

とする．ここで（(4) 参照）

$$H_0 = \int\psi^*\{(\boldsymbol{\alpha}\cdot\boldsymbol{p}) + m_0\beta c^2 - eV\}\psi d^3\boldsymbol{r} + H_{\mathrm{em}} \tag{10}$$

の右辺第1項は電子場と散乱ポテンシャルを表し，H_{em} は電子と相互作用していない電磁場のハミルトニアンである．また

$$H' = e\int\psi^*\boldsymbol{\alpha}\psi\cdot\boldsymbol{A}d^3\boldsymbol{r} \tag{11}$$

は電子と光子場との相互作用を表す摂動項である．

光子場との相互作用のないときの電子の質量を m_0 としているので，相互作用がないとしたときの散乱断面積は（(5) で m を m_0 とした式）

$$\sigma_0 = \mathrm{const.}\ e^2|V(\boldsymbol{p},\ \boldsymbol{q})|^2\frac{\boldsymbol{p}^2 + (\boldsymbol{p}\cdot\boldsymbol{q}) + 2m_0{}^2c^2}{\boldsymbol{p}^2 + m_0{}^2c^2} \tag{12}$$

で与えられる．さらに光子場との相互作用 H'（(11) 式）を加えたときの断面積の増加を理論的に計算した値を $d\sigma$ とすると

$$d\sigma = \sigma_0\frac{m_0|\boldsymbol{p}-\boldsymbol{q}|^2}{(\boldsymbol{p}^2 + m_0{}^2c^2)\{\boldsymbol{p}^2 + (\boldsymbol{p}\cdot\boldsymbol{q}) + 2m_0{}^2c^2\}}\delta m \tag{13}$$

となる．ここで δm は（6）で与えた余分な質量であり，すでに述べたように無限大の形をもった量である．

上式で荷電 e は電子と光子場の相互作用の大きさを代表している．σ_0 は e^2 の程度であり，δm も e^2 の程度であるから補正 $d\sigma$ は e^4 の程度で止めた近似値であることを注意しておこう．

散乱断面積の理論式は与えられたが，これは無限大の項 δm を含んでいるので実験と一致しない．実験結果はむしろ無限大の項 $d\sigma$ を無視したものとよく一致している．そこで理論を実験と一致させるには無限大の補正 $d\sigma$ をとり除く方法を見出さなければならない．その１つの方法がくり込み理論である．

くり込みの処方

理論と実験との不一致は余分な質量(エネルギー)や散乱の確率に現れたが，共に質量の増加 δm による無限大の困難である．出発点では光子場との相互作用をしないときの質量 m_0 を仮定し，これに補正 δm を加えた $m=m_0+\delta m$ が実際に観測される電子の質量であるというように理論をつくりたいわけである．それなら δm を摂動と考えないで，はじめから理論の中にとり込んで矛盾のない理論をつくることはできないであろうか．これがくり込み理論の考え方である．

そこでくり込むべき質量を μ とし，$m=m_0+\mu$ が観測される質量であるとする．そしてハミルトニアンを

$$H=H_0+H_1'+H_2' \tag{14}$$

とし，ここで

$$\begin{aligned}
H_0&=\int\psi^*\{(\boldsymbol{\alpha}\cdot\boldsymbol{p})+(m_0+\mu)\beta c^2-eV\}\psi d^3\boldsymbol{r}+H_{\mathrm{em}}\\
H_1'&=e\int\psi^*\boldsymbol{\alpha}\psi\cdot\boldsymbol{A}d^3\boldsymbol{r}\\
H_2'&=-\int\psi^*\mu\beta c^2\psi d^3\boldsymbol{r}
\end{aligned} \tag{15}$$

とおく．すなわち H_0 に $\int\psi^*\mu\beta c^2\psi d^3\boldsymbol{r}$ をつけ加え，それを H_2' で引き去っている．全体のハミルトニアン H は（9）〜(11) と同じである．

上式の無摂動ハミルトニアン H_0 を用いて散乱を計算すると (12) で m_0 を $m_0+\mu$ にかえたもの，すなわち

$$\sigma_0=\text{const.}\, e^2|V(\boldsymbol{p},\ \boldsymbol{q})|^2\frac{\boldsymbol{p}^2+(\boldsymbol{p}\cdot\boldsymbol{q})+2(m_0+\mu)^2c^2}{\boldsymbol{p}^2+(m_0+\mu)^2c^2} \tag{16}$$

を得る．そして補正の項は (15) の H_1' から計算すると

$$d\sigma_1=\sigma_0\frac{(m_0+\mu)|\boldsymbol{p}-\boldsymbol{q}|^2}{\{\boldsymbol{p}^2+(m_0+\mu)^2c^2\}\{\boldsymbol{p}^2+(\boldsymbol{p}\cdot\boldsymbol{q})+2(m_0+\mu)^2c^2\}}\delta m \tag{17}$$

(δm は (6) で m_0 を $m_0+\mu$ でおきかえたもの) となり，(15) の H_2' からは

$$d\sigma_2=-\sigma_0\frac{(m_0+\mu)|\boldsymbol{p}-\boldsymbol{q}|^2}{\{\boldsymbol{p}^2+(m_0+\mu)^2c^2\}\{\boldsymbol{p}^2+(\boldsymbol{p}\cdot\boldsymbol{q})+2(m_0+\mu)^2c^2\}}\mu \tag{18}$$

となる．全断面積は

$$\sigma=\sigma_0+d\sigma_1+d\sigma_2 \tag{19}$$

で与えられる．

したがって

$$\mu=\delta m \tag{20}$$

とおけば $d\sigma_1+d\sigma_2=0$ となって無限大は消える．観測される電子の質量は (16) に使われている量，すなわち

$$m=m_0+\delta m \tag{21}$$

に他ならない．

このように，光子場との相互作用を無摂動系にくり込むことにより，高次 (e^4) の発散項を消し去ることができる．

同様なことは光子場との相互作用による電子の電荷の変化の影響についてもいえるが，ここでは省略することにする．

Tea Time

ハングリー精神

前に述べたように，1933 年前後に多くの優秀なユダヤ系の人がハンガリーからアメリカ，イギリスなどへ亡命した．ノイマン，ウィグナー，シラード，アインシュタイン（ドイツからだが）などである．この現象はよく話題になった．

ユダヤ系の人たちはたがいに助け合い，若い優秀な学生を援助して出世させる習慣がある．たとえばアインシュタインの父も若いユダヤ系の学生をよく家に招いた．また，ユダヤ系の人は概して働き者が多いということがあったかもしれない．また，その割に報われない環境にあったということもあったろう．

隣りにドイツという学問の盛んな国があったことも影響しているにちがいない．ノイマンもウィグナーもシラードもドイツのベルリンなどへ進学した．彼らは向学心に燃えて外国へ出たのである．

向学心というのは，いわば知的なハングリー精神である（ハンガリーとハングリーはちょっとした駄じゃれになる）．しかも当時のドイツは第 1 次大戦のあとで通貨のマルクの価値が下がっていたために，ハンガリーなどから来た人は故郷からの仕送りで比較的裕福に暮せたらしい．そういうことも幸いしたかもしれないが，ハングリー精神も大いにあったのだろうと思う．

日本でも第 2 次世界大戦が終わった頃は第 1 次大戦後のドイツに少し似た状況にあった．当時の大学の先生も学生も貧乏であった．研究費，育英資金も足りなかった．しかし戦争が終わった解放感のためもあって，ある種の明るさと向学心があふれていた．ノーベル賞の対象になった朝永先生の研究もそのように物も金も不自由な環境でただハングリー精神で達成されたという感がある．先生のまわりの人たちもそうであった．

外国の学界からの文献も手に入れにくかったが，これはかえって幸いで，自分の考えを深め，みがき上げるよい機会であった．外国との通信がはじまったとき，アメリカで量子電磁気学の最先端の研究を進めていたシュヴィンガー(J. S. Schwinger)たちは朝永先生の仕事をきいて驚愕して言った：小さな島国の日本で，同じような研究をなしとげた人がいたとは全くおどろき以外の何ものでもない．

シフ(L. I. Schiff)はまさに書き上げようとしていたテキスト *Quantum Mechanics* (1948)の量子電磁気学の章に書き込んだ：この型の無限大を引き去る相対論的に不変な方法が最近 S. Tomonaga によって発展させられた．(*Progress of Theor.*

Physics (*Kyoto*), **1**, 27 (1946) ; *Phys. Rev.* **74**, 224 (1948) ; J. Schwinger : *Phys. Rev.* **73**, 416 (1948) など)

いまの世界には情報があふれすぎている．情報過多で情報中毒にかかっているおそれがある．情報の多くはテレビや計算機から入ってきて個人も研究室も容赦なくかきまわされているのではなかろうか．しかし，この情況に幸いされる学問は情報やITを栄養にしてどしどし発達するにちがいない．分子生物学，医科学などの分野もそのような恩恵を受けるにちがいない．

第 28 講

ラ ム シ フ ト

―テーマ

◆ くり込み理論の検証

◆ ラムシフト

◆ 電子の磁気モーメント

◆ Tea Time：物理学的モデル

ラムシフト

前講で述べたくり込み理論は，電子と光子の衝突（コンプトン散乱），2 個の電子の衝突，水素原子のエネルギー準位のずれ，電子の異常磁気モーメントなどの分析に広く用いられて成功を収めた．この中で特にくり込み理論の検証となった水素原子のエネルギー準位のずれ（ラムシフト）と異常磁気モーメントについて説明を加えよう．

水素原子のエネルギー準位はボーア（N. Bohr）の原子模型（1913 年）によって

$$E_n = -\frac{me^4}{2\hbar^2 n^2} \qquad (1)$$

と与えられたが，ディラック（P. A. M. Dirac）の相対論的理論（1928 年）では

$$E_n = -\frac{me^4}{2\hbar^2 n^2}\left[1+\frac{\alpha^2}{n}\left(\frac{1}{|k|}-\frac{3}{4n}\right)+\cdots\right] \qquad (2)$$

と訂正され，これが水素のスペクトルの微細構造をよく説明した（$\alpha = e^2/\hbar c = 1/137.04\cdots$）．

しかし約10年後に $n=2$，$k=1$ の準位（2Sで表す）がわずか上方にずれていることがわかり，1947年にはラム（W. E. Lamb）とレザフォード（R. Retherford）がくわしい実験結果を発表した．図23にボーアとディラックの理論式の準位とラム-レザフォードによる実験結果とを示す．ディラックの式では（m を磁気量子数として）$2S_{1/2}$（$n=2$，$k=1$，$m=1/2$）と $2P_{1/2}$（$n=2$，$k=2$，$m=1/2$）が縮退しているが，ラムたちの実験結果では $2S_{1/2}$ は $2P_{1/2}$ よりも波数で約 0.03 cm^{-1}（約1000 MHz）上方へずれている．これをラムシフトという．

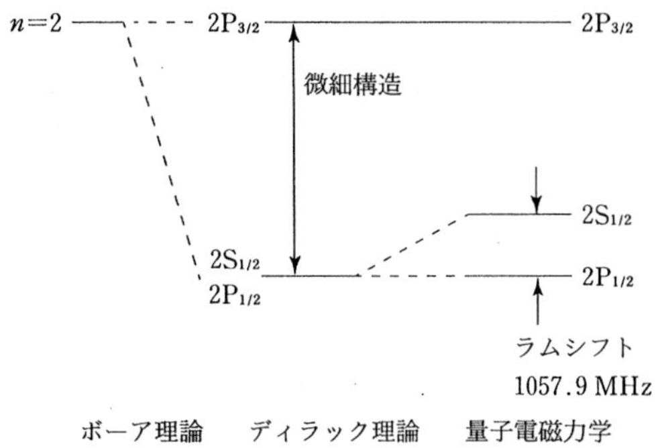

図 23　水素のエネルギー・レベル
ラムシフト

ラムたちの実験が発表されてすぐにベーテ（H. Bethe）は2S準位のずれが電子に対する光子場の反作用によるものであると主張した．この反作用が電子に付加する電磁質量は自由電子と原子内に束縛された電子の軌道によっても異なる値をもちうる．電磁質量がくり込まれた質量が準位を決定するので，反作用を考慮しない場合に縮退している準位が反作用のために分かれることはありうるわけである．実際にS軌道にある電子にはその他の軌道（たとえばP軌道）の電子と異なる電磁質量が付与されることが示される．そのため $2S_{1/2}$ の準位と $2P_{1/2}$ の準位は分離するのである．

ディラックの電子論は輝かしい幾多の成果を挙げたのであるが，その理論が水素原子という最も簡単な原子において不一致を示したことと，それがくり込み理論でとにかく説明されたことが場の理論や素粒子論に与えた影響は大きかった．

磁気モーメントのくわしい測定

ディラックの電子論は量子論を特殊相対論的に修正する目的で考えられたので，電子のスピンの発見などは予期しなかったことであった．これは理論の整合性を求めた研究が予期しない発見をもたらすことがあるというすばらしく，また全く不思議な事柄である．

電子は軌道運動のためにも磁場と相互作用をする．軌道角運動量 $\boldsymbol{L}$ による磁気モーメントは

$$\boldsymbol{\mu}_{\mathrm{L}}=\frac{e}{2mc}\boldsymbol{L} \tag{3}$$

である．これにならってスピン角運動量 $\boldsymbol{s}$ とスピン磁気モーメント $\boldsymbol{\mu}_{\mathrm{s}}$ との関係を

$$\boldsymbol{\mu}_{\mathrm{s}}=g\frac{e}{2mc}\boldsymbol{s} \tag{4}$$

と書く．電子のスピンは $\boldsymbol{s}=\dfrac{\hbar}{2}\boldsymbol{\sigma}$ であるから，ディラックの理論（第18講）は

$$g=2 \tag{5}$$

であることを予言した．しかしラビ(I. I. Rabi)による原子線を用いた磁気共鳴によるくわしい測定によれば

$$g=2.002319114 \tag{6}$$

である．$g=2$ からの偏差は電磁場の影響によるものであることが1940年代に発達した場の量子論によって明らかにされた．

ディラックのすばらしい理論が $g=2$ を予言すれば，自然はさらにその先に $g=2$ からの偏差があることを示す．すると人知がこれを追いかける．しかし場の理論はいまでも完全ではない．自然の不思議さは底が知れないが，これに迫る人知の深さも不思議である．

Tea Time

物理学的モデル

われわれが大学生だった1940年頃は，プランク(M. Planck)が唱えていた「物理学的自然観の統一」という言葉に象徴される物理学の熱気がいくらか残っていた．ディラックの『量子力学』が出版されてから10年ぐらいしかたっていなかったのだから勢いがあったのも当然であった．

卒業してから60年たち，その間には物理学に対する私の考えも相当大きく変わってきたと思う．しかしたまたま30年ぐらい前に書いたものを読み返し，次のように書いていたのを発見する機会があった．

「自然現象を捉えるには，モデルを考え出し，モデルが合理的に動くことを確実にするために数学を使う．」

これは私がいくらか研究らしいものをしてきた分野を相当見事に表しているような感じがする．現在ではもう少し踏み込んで，物理学の最も大きな仕事はすぐれたモデルの構築にあるのではないかと考えている．

モデルという言葉が適切であるか，もっと適当な言葉があるかもしれないとも思う．太陽系というシステムというときのシステムとか，科学者によって概念的に描かれた世界とか，抽象的な像(ピクチャー)とか，いろいろの表現がある．しかし最も広く使われているのはモデルという言葉であろう．

科学を専門にしていない一般の人にとっては，むかし習ったとしても，たとえば放物体の軌道について説明することすらむずかしいかもしれないが，そういう人でも太陽系のモデルなどについてはいくらか覚えているだろう．有史以来の科学が一般の人の考えに大きく影響を残しているのは，このような明確なモデルであると思う．

デカルト (R. Descartes) は，宇宙を満たす渦によって惑星が運ばれて運動すると考えた．これは成功しなかったモデルの例である．

ニュートン (I. Newton) は，空虚な空間と時間の枠の中で，運動法則と万有引力の法則にしたがいながら惑星が運動するとした．これはいまでも私たちがよりどころにしている典型的な科学的モデルである．

ファラデー (M. Faraday) やマクスウェル (J. C. Maxwell) は，磁力線や電気力線が活躍する電磁場というモデルを考え出した．これ以後の物理学は場の概念なしに語ることのできないものとなった．

アインシュタイン (A. Einstein) が一般相対性理論で明らかにしたのは，物体の運動は重力場にしたがい，重力場は物体の運動にしたがうという，曲がった時空の重力場モデルであった．さらにアインシュタインは，一様な4次元球面の宇宙モデルを考え，これは現在の膨張宇宙モデルへと発展した．

このような科学の歴史に照らし合わせても，物理現象の明確なモデルを創造し構築することが物理学にとって最も重要な仕事であると思わざるをえない．

第 29 講

超多時間理論

―テーマ―
- ◆ 1個の電子
- ◆ 多時間理論
- ◆ 超多時間理論
- ◆ Tea Time：科学的世界

1個の電子

本講ではまず，（i）1個の電子（粒子）と電磁場とが相互作用をしている体系を考え，つぎに（ii）n 個の電子と電磁場が相互作用をしている体系を考えてディラック（粒子系）の多時間理論を説明する．そして最後に（iii）電子場と電磁場とからなる体系について超多時間理論を解説する．

このプランにしたがって，1個の電子と電磁場とからなる体系をとり上げるが，これはすでに第18講などで一応説明したことである．電子のハミルトニアンを H_e（添字 e は電子 electron を表す），電磁場のハミルトニアンを H_f（添字 f は場 field を表す）とし

$$H_0 = H_e + H_f \tag{1}$$

を無摂動系とする．電子と電磁場との相互作用は H' で表そう．本講では一般的な説明が主なので，これらのハミルトニアンの具体的な形は必ずしも必要ない（読者は適当に飛ばして読んでもよい）のだが，話をはっきりさせるため，書いてみると（H_f の形はここでは必要ないので省く）

$$H_e(\boldsymbol{p}) = c\boldsymbol{\alpha}\cdot\boldsymbol{p} + \beta mc^2$$
$$H'(\boldsymbol{x}) = e(\boldsymbol{\alpha}\cdot\boldsymbol{A}(\boldsymbol{x}) - V(\boldsymbol{x})) \tag{2}$$

となる($\boldsymbol{A}$ はベクトルポテンシャル，V はスカラーポテンシャルで，簡単のため共に時間を含まないとする)．

この体系に対するシュレーディンガーの波動方程式は

$$\left(\frac{\hbar}{i}\frac{\partial}{\partial t} + H + H'\right)\varphi = 0 \tag{3}$$

である．

ここで波動関数 φ に対して変換

$$\varphi' = e^{iH_0t/\hbar}\varphi, \qquad \varphi = e^{-iH_0t/\hbar}\varphi' \tag{4}$$

をおこなうと

$$\begin{aligned}\frac{\hbar}{i}\frac{\partial\varphi'}{\partial t} &= H_0\varphi' + e^{iH_0t/\hbar}\frac{\hbar}{i}\frac{\partial\varphi}{\partial t}\\ &= H_0\varphi' - e^{iH_0t/\hbar}(H_0 + H')\varphi\\ &= -e^{iH_0t/\hbar}H'\varphi\end{aligned} \tag{5}$$

したがって波動方程式は

$$\left(\frac{\hbar}{i}\frac{\partial}{\partial t} + H_{\mathrm{int}}'\right)\varphi' = 0 \tag{6}$$

となる．ただし

$$H_{\mathrm{int}}'(\boldsymbol{x},\ \boldsymbol{p},\ t) = e^{iH_0t/\hbar}H'(\boldsymbol{x},\ \boldsymbol{p})e^{-iH_0t/\hbar} \tag{7}$$

これを H' の相互作用表示 (添字 int は相互作用の意味) という．これは時間 t に依存する．

次に，n 個の電子(電子どうしの相互作用は省略する)と電磁場とが相互作用をしている場合は $\boldsymbol{x}_k$，$\boldsymbol{p}_k$を k 番目の電子の座標と運動量として，波動方程式は

$$\left(\frac{\hbar}{i}\frac{\partial}{\partial t} + \sum_{k=1}^{n} H_{\mathrm{int}}'(\boldsymbol{x}_k,\ \boldsymbol{p}_k\ ;\ t)\right)\varphi^{(n)}(\boldsymbol{x}_1,\ \cdots,\ \boldsymbol{x}_n\ ;\ t) = 0 \tag{8}$$

と書ける．

多時間理論

(8) において，ふつうは $\boldsymbol{x}_k$ が対角線的になる表示をとって $\boldsymbol{p}_k = (\hbar/i)\partial/\partial\boldsymbol{x}_k$ と

する．このとき（8）は多体系のシュレーディンガー方程式であり，$\varphi^{(n)}$ は $(\boldsymbol{x}_1, \boldsymbol{x}_2, \cdots, \boldsymbol{x}_n)$ と t の $3n+1$ 次元の空間における波動関数であって，これが非相対論的な場合ならば問題なく多体系を記述するように思われる．

しかし，いま考えているのは特殊相対性理論の場合なので，各電子の速度がちがえば，時計の進み方がそれぞれ異なる．この場合に1つの時間 t で全系を記述されるのはどういうときなのだろうか．

むしろ各電子 $(k=1, 2, \cdots, n)$ にそれぞれの時間 t_n を付与して，粒子の個数だけの時間 $(t_1, t_2, \cdots, t_n)$ を含む n 個の連立方程式(新しい波動関数を $\boldsymbol{\Psi}$ と書こう)

$$\left\{\frac{\hbar}{i}\frac{\partial}{\partial t_k}+H_{\mathrm{int}}'(\boldsymbol{x}_k, \boldsymbol{p}_k, t_k)\right\}\Psi(\boldsymbol{x}_1, \boldsymbol{x}_2, \cdots, \boldsymbol{x}_n ; t_1, t_2, \cdots, t_n)=0 \quad (k=1, 2, \cdots, n) \tag{9}$$

を考えるべきであろう．（9）はディラックが導き出した多時間理論の形式である．

（9）は n 個の連立方程式 $(k=1, 2, \cdots, n)$ であり，これが積分できるためには

$$\frac{\partial}{\partial t_k}\frac{\partial}{\partial t_j}\Psi(\boldsymbol{x}_1, \boldsymbol{x}_2, \cdots, \boldsymbol{x}_n ; t_1, t_2, \cdots, t_n) =\frac{\partial}{\partial t_j}\frac{\partial}{\partial t_k}\Psi(\boldsymbol{x}_1, \boldsymbol{x}_2, \cdots, \boldsymbol{x}_n ; t_1, t_2, \cdots, t_n) \tag{10}$$

であることが必要である．この条件は

$$(\boldsymbol{x}_k-\boldsymbol{x}_j)^2>(t_k-t_j)^2 \qquad (i, j=1, 2, \cdots, n) \tag{11}$$

の範囲で満たされることが示される．これが満たされるときには上の n 個の方程式は矛盾することなく，状態ベクトル Ψ は一義的に定まるのである．

条件 (10) が満たされるのは，どのような2点 $(\boldsymbol{x}_k, t_k)$ と $(\boldsymbol{x}_j, t_j)$ をとってもそれらがたがいに空間的（いわゆる光円錐（図24）の外）にあるような領域である（くわしい説明は省略する）．これは $t_1, t_2, \cdots, t_n$ における観測がたがいに干渉しない（因果的でない）という条件である．

方程式（9）は全く新しく提案されたもので，これが物理的な意味をもつか否かということは吟味しなければわからないことである．ブロッホ (F. Bloch) によれ

ば，多時間の状態ベクトル Ψ は次のような物理的意味をもっている．たとえば $t_1<t_2<\cdots<t_n$ としておく．t_1 より昔の時刻 t_0 $(t_0<t_1)$ に各粒子 $(i=1, 2, \cdots, n)$ に対する単時間の波動関数をそろえておき，時刻 t_1 に第1の粒子の位置を測定して $\boldsymbol{x}_1$ を得，時刻 t_2 に第2の粒子の位置を測定して $\boldsymbol{x}_2$ を得，以下同様にして，時刻 t_n に第 n の粒子の位置を測定して $\boldsymbol{x}_n$ を得る確率は $|\Psi(\boldsymbol{x}_1t_1, \boldsymbol{x}_2t_2, \cdots, \boldsymbol{x}_nt_n)|^2$ に比例する．

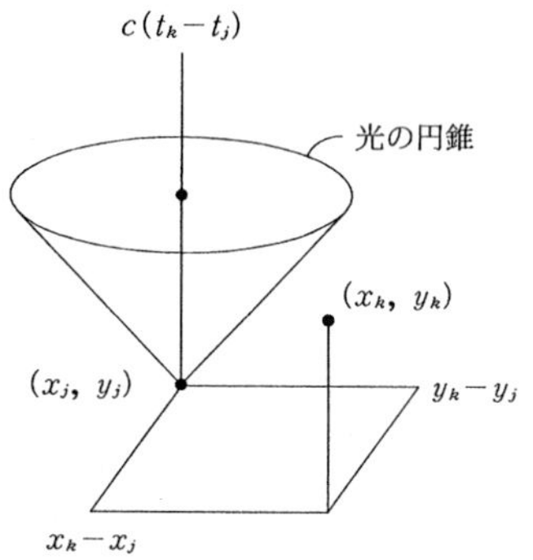

図 24　(x_j, y_j) の空間的領域（光円錐の外）にある点 (x_k, y_k)

なお，特別な場合として，（9）において $t_1=t_2=\cdots=t_n=t$ とおくと

$$\left[\frac{\hbar}{i}\frac{\partial}{\partial t_k}\Psi(\boldsymbol{x}_1, \boldsymbol{x}_2, \cdots, \boldsymbol{x}_n\,;\,t_1, t_2, \cdots, t_n)\right]_{t_1=t_2=\cdots=t_n=t}$$
$$+H_{\mathrm{int}}{}'(\boldsymbol{x}_k, \boldsymbol{p}_k, t)\Psi(\boldsymbol{x}_1, \boldsymbol{x}_2, \cdots, \boldsymbol{x}_n\,;\,t, t, \cdots, t)=0 \qquad (12)$$
$$(k=1, 2, \cdots, n)$$

となるが，これを k について加えると

$$\sum_{k=1}^{n}\left[\frac{\partial}{\partial t_k}\Psi(\boldsymbol{x}_1, \boldsymbol{x}_2, \cdots, \boldsymbol{x}_n\,;\,t_1, t_2, \cdots, t_n)\right]_{t_1=t_2=\cdots=t_n=t}$$
$$=\frac{\partial}{\partial t}\Psi(\boldsymbol{x}_1, \boldsymbol{x}_2, \cdots, \boldsymbol{x}_n\,;\,t, t, \cdots, t) \qquad (13)$$

により

$$\left\{\frac{\hbar}{i}\frac{\partial}{\partial t}+\sum_{k=1}^{n}H_{\mathrm{int}}{}'(\boldsymbol{x}_k, \boldsymbol{p}_k, t)\right\}\Psi(\boldsymbol{x}_1, \boldsymbol{x}_2, \cdots, \boldsymbol{x}_n\,;\,t, t, \cdots, t)=0 \qquad (14)$$

を得る．これは単時間理論の式（8）と同等である．したがって多時間理論の式（9）においてすべての時間座標が共通の値をとるという制限をつければ，多時間理論に特別な場合として単時間理論が含まれていることがわかる．

超多時間理論

ディラックの多時間理論では，電子あるいは同種類の粒子の個数 n は不変のも

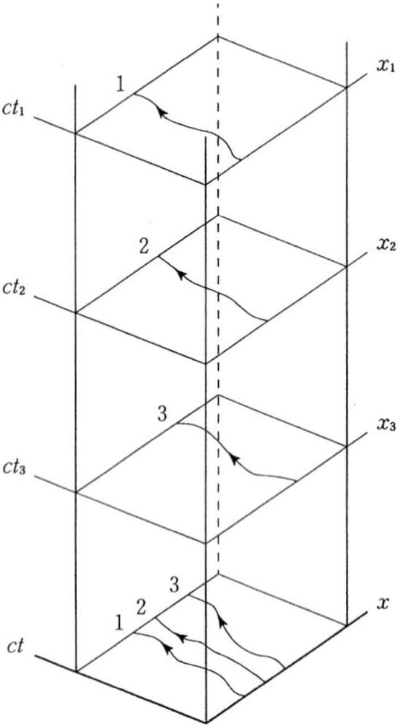

図 25　多時間粒子系

のとしていて，その座標 $\boldsymbol{x}_i$ と時間 t_i の集まりを用いて状態ベクトルを記述している．しかし素粒子の世界では粒子は生成されたり消滅したりするのでその個数は不変ではなく，粒子の生成・消滅を記述するには粒子場という概念を用いる必要がある．これはすでに何度も述べてきた通りである．個別粒子の配置空間から粒子場へ移るには，たとえば図 25 のように考えてみたらよいのではないか．すなわち多時間理論（9）における各粒子 $i=1, 2, \cdots, n$ の時空 $(\boldsymbol{x}_i, t_i)$ を図のように重ねて，これを上から通して見るのである．粒子数を十分多数にすれば，この像の中に粒子場の様子が想像できるであろう．

場の理論に移行すれば，ハミルトニアンは（第 25 講 (15)，本講 (2) 参照）

$$\begin{aligned} \bar{H}_{\mathrm{e}} &= \int \psi^* (c\boldsymbol{\alpha}\cdot\boldsymbol{p} + mc^2\beta)\,\psi d^3\boldsymbol{x} \\ \bar{H}' &= e\int (\psi^*\boldsymbol{\alpha}\psi\cdot\boldsymbol{A} - \psi^*\psi V)\, d^3\boldsymbol{x} \end{aligned} \tag{15}$$

である（ここで $\bar{H}_0 = \bar{H}_{\mathrm{e}} + \bar{H}_{\mathrm{f}}$ であるが電磁場の項 $\bar{H}_{\mathrm{f}}$ は省略する）．電子場と電磁場とからなる場のシュレーディンガー方程式は

$$\left(\frac{\hbar}{i}\frac{\partial}{\partial t} + \bar{H}_0 + \bar{H}'\right)\Psi = 0 \tag{16}$$

である．ここで

$$\begin{aligned} \Phi &= \mathrm{e}^{i\bar{H}_0 t/\hbar}\,\Psi \\ H_{\mathrm{int}}'(\boldsymbol{x}, t) &= \mathrm{e}^{i\bar{H}_0 t} H'\,\mathrm{e}^{-i\bar{H}_0 t} \end{aligned} \tag{17}$$

とおくと

$$\left(\frac{\hbar}{i}\frac{\partial}{\partial t} + \int H_{\mathrm{int}}'(\boldsymbol{x}, t)\, d^3\boldsymbol{x}\right)\Phi = 0 \tag{18}$$

を得る．

さて場の方程式 (18) は粒子表示の方程式 (8) に対応する．これらを比べてみると，(8) における粒子に対する和 $\sum_{i=1}^{n}$ は (18) における空間積分 $\int d^3\boldsymbol{x}$ に対応していることがわかる．(8) の $\varphi^{(n)}$ は $\boldsymbol{x}_1$, $\boldsymbol{x}_2$, …, $\boldsymbol{x}_n$ の関数（自由度 n）であるのに対し，(18) の Φ は関数 $H(\boldsymbol{x})$ の関数（汎関数，自由度 $\boldsymbol{x}$ は連続）である．このような対応があるので，(8) を拡張して多時間理論の式 (9) を導いたようにして，(18) を拡張して超多時間理論というべきものを得る可能性があるように思われる．

多時間理論において多数の時間 t_1, t_2, …, t_n を導入したが，超多時間理論では場の 4 次元時空 ($\boldsymbol{x}$, ct) において方程式 (18) を考えなければならない．そこで (18) を微小時間 dt に対して書いてみると

$$\Phi(t+dt)=\Phi(t)-\frac{i}{\hbar}dt\int H_{\mathrm{int}}'(\boldsymbol{x},\ t)\,d^3\boldsymbol{x}\Phi(t) \tag{19}$$

となる．図 26 のように状態ベクトル Φ の時間的変化を時間軸 ct に沿って考えると時刻 t において時間 dt の間相互作用 $d^3\boldsymbol{x}H_{\mathrm{int}}'(\boldsymbol{x},\ t)$ がはたらくとみることができる．そこで

$$d^4\omega=dtd^3\boldsymbol{x} \tag{20}$$

にはたらく相互作用のため，状態ベクトルに

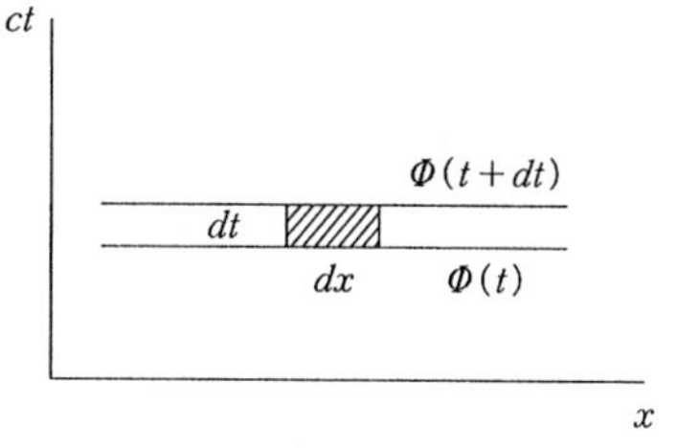

図 26　$\Phi(t+dt)=\Phi(t)\left(1-\frac{i}{\hbar}dtH_{\mathrm{int}}'dx\right)$

$$\left(1-\frac{i}{\hbar}dtd^3\boldsymbol{x}H_{\mathrm{int}}'(\boldsymbol{x},\ t)\right) \tag{21}$$

という因子が掛かると仮定し，これを空間のすべての点で掛け，$(d^4\omega)^2$ 以上の無限小の項を無視すれば (18) が再現される．なお，先に (11) において注意した可積分条件により，任意の 2 点 ($\boldsymbol{x}_i$, ct_i) と ($\boldsymbol{x}_j$, ct_j) の間には (11) の関係（たがいに空間的であるという条件）が成り立たなければならない（空間的超曲面）．この関係はローレンツ変換をしても変わらない．したがってこのような超曲面を用いれば，理論が相対論的に不変に成立することが明確に示される．これが超多時間

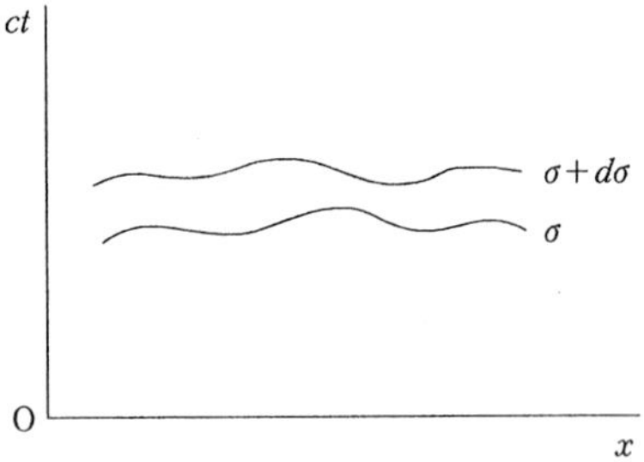

図 27　超曲面 σ

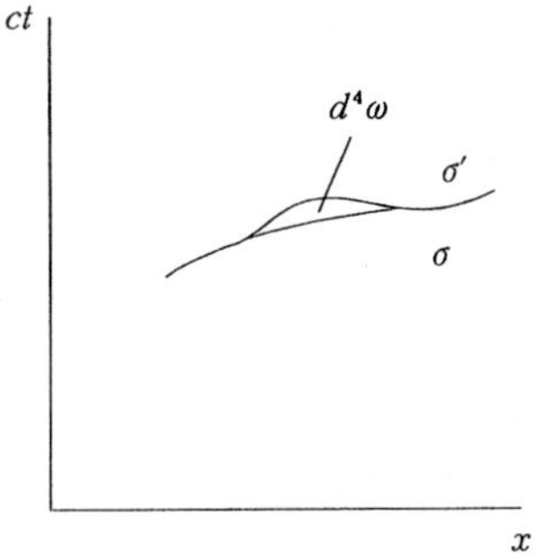

図 28　4 次元無限小体積 $d^4\omega$

理論の利点の 1 つである．

さて，(19) において t＝一定は 3 次元的な超曲面であるが，空間の各点でちがう時刻に相互作用が加わることに相当して

$$t=f_\sigma(x,\ y,\ z) \tag{22}$$

という超曲面（パラメータ σ で指定される）を導入して時空点を指定するのに使った方がよい（図 27）．状態ベクトル $\boldsymbol{\Phi}$ を σ の関数とみて $\boldsymbol{\Phi}[\sigma]$ と書く．

超曲面 σ 上の 1 点 $\boldsymbol{x}$ において σ とわずかに異なる超曲面を σ'（σ も σ' も共に空間的超曲面）とし，σ' と σ の間にはさまれる 4 次元無限小体積を $d^4\omega$ とする（図 28）．ここで

$$\lim_{d^4\omega\to 0}\frac{\boldsymbol{\Phi}[\sigma']-\boldsymbol{\Phi}[\sigma]}{d^4\omega}=\frac{\delta\boldsymbol{\Phi}[\sigma]}{\delta\sigma(\boldsymbol{x})} \tag{23}$$

によって汎関数微分係数を定義すれば，(18) は次のように書ける．

$$\boxed{i\hbar\frac{\delta\boldsymbol{\Phi}[\sigma]}{\delta\sigma(\boldsymbol{x})}=H_{\mathrm{int}}'(\boldsymbol{x},\ t)\,\boldsymbol{\Phi}[\sigma]} \tag{24}$$

これを朝永-シュヴィンガー（Schwinger）方程式という．

これは朝永振一郎先生によってはじめて定式化され，くり込み理論などに応用されて威力を発揮した．アメリカでもシュヴィンガーらによる同様な理論が独立に発展し，第 2 次世界大戦直後の中心的課題になった．

Tea Time

科学的世界

モデルなしに物理現象をイメージし理解することはおそらく不可能であろう．物理的モデルは，歯車仕掛けのように視覚的なものから，抽象的・数学的なものまで種々多様である．たとえば理想気体モデル，結晶格子モデル，金属自由電子モデル，半導体のモデル，原子モデル，イージングモデルなどいろいろである．

モデルにはインスピレーションによって得られたものもあるが，何年もの辛苦の末，改良に改良を重ねた末にようやく確立されたモデルも少なくない．ニュートン力学のモデルは，人間が開闢以来の試行錯誤の末にようやく到達した概念によって構成されたものであった．原子モデルも，古代ギリシャ時代の原子論が19世紀の実験科学の発達を経てようやく確立されたが，このモデルの確立により現代物理学の時代が招来されたのであった．

さて，前講の Tea Time でも述べたように，われわれはモデルが合理的に誤りなく動くことを確実にするために数学を使う．そしてモデルを通して見る科学的世界はいわばわれわれのもっている合理性の概念に合わせて考えられた世界であり，言葉と数学とで描かれた世界である．それはもちろん自然そのものでなく，むしろ自然を土台にして人間がつくりあげたフィクションといった方がいいかもしれない．しかしそう考えると，この科学的世界がしばしば現実の世界の予言に成功することがあるという事実は，考えてみると大変不思議なことである．アインシュタイン (A. Einstein) の言葉を借りれば，「世界についての永遠の謎は，世界がそもそも理解できるということです」ということになる．

第 30 講

中間子の質量

―テーマ

- ◆ 基本粒子
- ◆ 中間子
- ◆ 核エネルギー
- ◆ Tea Time：自然と人間

原子と基本粒子

物質が小さな粒子からできているという原子論は古代ギリシャの時代からあったが，近代科学のはじまった 19 世紀の初頭に原子の概念を復活させたのはドルトン（J. Dalton）であった．そして 19 世紀の終わり頃には負の荷電をもつ電子と正の荷電をもった陽子という粒子の存在が確認された．それからしばらくの間，物質はすべてこの 2 種類の基本粒子からできていると考えられてきた．19 世紀終わりには放射能をもった物質が発見されたが，放射線のうちで α 線はヘリウムの原子核，β 線は電子であり，γ 線は波長の短い光であることが判明した．20 世紀の初頭に量子論が出現し，1905 年にはアインシュタイン（A. Einstein）が光は粒子からなるという説を唱え，やがて光の粒子は光子とよばれるようになった．量子力学が成立した 1920 年代の終わりになっても，基本粒子と認められていたのは電子，陽子および光子の 3 種類にすぎなかった．このうちで電気をもったものは電子（$-e$）と陽子（$+e$）だけであった．e は電気素量とよばれる．

β 線は原子の中心にある原子核から飛び出してくるので，原子核は陽子と電子からできているとしたいところであるが，電子は陽子に比べて1800分の1の質量しかないので，これは明らかに不合理である．その他にも原子核の大きさ，スピン，磁気モーメントなどのデータからも原子核を陽子と電子からなると考えることはできない．

ジョリオ・キュリー（Joliot-Curie）夫妻が発見した人工放射能で電気をもたないものがあることから，チャドウィック(J. Chadwick)は原子核から出てくる中性子の存在を確認した(1932年)．中性子は電気をもたず，質量は陽子とほとんど同じであり（わずかに異なる），スピン1/2，フェルミ統計にしたがうことも陽子と同じである．これにより原子核は陽子と中性子とでつくられていることが明らかになった．1932年には陽電子の発見もあり，1931年にはパウリ（W. Pauli）によるニュートリノ（中性微子）仮説の発表もあった．ニュートリノは物質との相互作用が非常に弱いので長い間，仮説の粒子であったが，1955年にようやく実験的に確認された．最近ではニュートリノが（光子とちがって）質量があるらしいことが知られてきた．ニュートリノは宇宙空間に莫大な数で存在するので，質量があるとすれば膨張宇宙説などにも大きな影響があるにちがいない．

原　子　核

原子の中心にある原子核は10^{-13} cm程度の大きさで，原子の大きさ10^{-8} cmに比べると10万分の1以下である．水素の原子核はただ1個の陽子であるが，他の原子核は原子番号と同じ数の陽子と，これと同程度の個数の中性子とからなり，これらが10^{-13} cm程度の狭い領域の中で運動しているのである．陽子と中性子を合わせて核子という．陽子はp，中性子はnで表す．ついでに電子はe^-，陽電子はe^+，ニュートリノはν，γ線はγで表すのが習慣である．電子の質量はmあるいはm_eと書く．

核子(陽子と中性子)の質量をMで表そう．量子力学の不確定性原理によれば，質量Mの粒子が長さlの範囲に閉じ込められているとき，その運動量Pは

$$P \sim \frac{\hbar}{l} \qquad (1)$$

の程度である．したがってそのエネルギーは

$$E=\frac{P^2}{2M}\sim\left(\frac{\hbar/Mc}{l}\right)^2 Mc^2 \qquad (2)$$

ここで $\hbar/Mc=2\times10^{-16}$ cm なので l として原子核の大きさ $l\sim10^{-13}$ cm をとると

$$\frac{E}{Mc^2}\sim10^{-6} \qquad (3)$$

となる．したがって核子のエネルギーは核子の質量エネルギー Mc^2 に比べてはるかに小さく，その速度は光速度 c の 1/1000 程度である．そのため原子核内における核子の運動は非相対論的に扱える部分もあると思われる．しかし $Mc^2=0.9$ GeV (G（ギガ）$=10^9$) であるから，核子がたがいに束縛し合っている束縛エネルギー（上記の E の程度）は化学結合のエネルギー（1 eV 程度）に比べれば非常に大きいことがわかる．原子核エネルギーは化学的なエネルギーと比べて 100 万倍程度大きいのである．

なお，データからみると原子核の結合エネルギー（E_B と書こう）は原子の質量数（核子の個数）A，原子番号（陽子数）Z，中性子数 N（$A=Z+N$）を用いて

$$E_B=a_vA-a_sA^{2/3}-a_i(N-Z)^2/A-a_cZ^2/A^{1/3}+\delta \qquad (4)$$

と表される．ここで a_v は原子核の種類によらない正の定数，δ は小さな補正項である．上式右辺の項を左からそれぞれ体積項，表面項，対称項，クーロン項，偶奇項とよぶ．このうちで体積項，表面項，クーロン項は原子核が液滴のような構造をもつことを示しているようにみえる(液滴模型)．しかし，第1項と第3項は核子がそれぞれ1定個数の相手と飽和性の力で引き合っていることを示しているようにもみえる．

核力が飽和性をもつと考えられることから，ハイゼンベルク(W. K. Heisenberg)は，陽子と中性子とが座標，スピンを含めて入れ換わることによって生じる交換力で引き合い，その力は原子核の大きさの範囲に限ってはたらく近距離力であると仮定して，原子核の結合エネルギーを説明しようとした．また，マヨラナ（E. Majorana）は座標だけを交換する核力も存在するとした．その他ウィグナー（Wigner）型，バートレット（Bertlett）型などいくつかの核力が仮定された．

他方で原子核が電子を放出する β 崩壊に対するフェルミ（E. Fermi）の理論が提出された(1934 年)．この理論では原子核の中で中性子が陽子に変わることによ

って電子（β 線）とニュートリノ（中性微子 ν）が放出されるとする．すなわち

$$n \longrightarrow p + e^- + \nu \quad (5)$$

という核子の変化によって β 崩壊がおこる．この理論が成功したので，核子が電子を放出・吸収することによって核子間の交換力が生じるとする説も提唱されたが，この仮説から導かれる核力が実際の力と比較にならないほど小さかったのでこの理論は捨てられた．

中　間　子

1934 年に湯川秀樹は核力を仲介する粒子（中間子）の存在を予言する理論を提出した．これは電子の間にはたらくクーロン力が電磁場の光子を交換することによって生じることから類推されたものであるが，湯川は核子の間にはたらく力は未知の粒子によって媒介されると考えた．1937 年になってアンダーソン（C. D. Anderson）とネダーメイヤー（S. H. Neddermeyer）が宇宙線の霧箱写真の中に湯川のいう新粒子らしいものを発見した．その後の中間子論の発達と実験の進歩により，中間子にはいくつもの種類があることが明らかにされ，アンダーソンらが発見した粒子はミューオン（μ（ミュー）粒子）とよばれるもので，湯川が予言した粒子は現在 π（パイ）中間子とよばれている．

湯川の仕事は核力の研究，いわゆる強い力の研究の先鞭となったばかりでなく，その後の素粒子論のはじまりを意味するものであった．素粒子論では，新しい現象の発見，理解には新しい粒子が鍵となる．輻射と光電効果から光子，宇宙線から陽電子，中間子がそれぞれ登場し，理論にも実験にも大きなショックを与えた．π 中間子がバークレーのシンクロ・サイクロトロンで人工的につくられたのは 1948 年であった．加速器などの実験装置の巨大化，相次ぐ素粒子の新発見，それによってもたらされる新しい知識の発展があった．その素粒子論の方向づけをしたのは中間子論であったともいえる．

中間子の質量

電磁場はベクトルポテンシャル $\boldsymbol{A}$ とスカラーポテンシャル ϕ で表されるが，これらの源となるのは電子などの荷電粒子である．荷電粒子のない真空中では，電

磁場は $\boldsymbol{A}$ も ϕ も

$$\left(\nabla^2-\frac{1}{c^2}\frac{\partial^2}{\partial t^2}\right)\phi=0 \tag{6}$$

を満足する．これは場の量 ϕ が光速度 c で伝播することを表す波動方程式である．

電子などの点電荷 e が原点にある静電場では，原点を除き（6）は

$$\nabla^2\phi=0 \tag{7}$$

となり，電場は

$$\phi=\frac{e}{r} \tag{8}$$

で与えられる．ここで e は荷電粒子が電磁場に与える力の強さ，あるいは荷電粒子と電磁場とが相互作用をしている強さを表している．荷電粒子の間には電磁場が仲介することによって力がはたらく．

原子核の中の陽子と陽子，中性子と中性子および陽子と中性子はほとんど同じ力で引き合っていると考えられるが，この核力は中間子場という場によって仲介されてはたらくと考えられる．

量子力学では，場は粒子の集まりでもある．電磁場を表す粒子は光子とよばれる．そして核力を仲介する場の粒子は中間子である．

光子の場の方程式は（6）であり，特解（8）が示すように光子が仲介する場は距離 r の大きいところまで達する遠達力の場であるのに対し，中間子が仲介する核力の場は近距離だけではたらくと考えられる．中間子の場を U で表し，これが満足する場の方程式は（$\varkappa$ は力の伝達する距離の逆数を表す定数）

$$\left(\nabla^2-\frac{1}{c^2}\frac{\partial^2}{\partial t^2}-\varkappa^2\right)U=0 \tag{9}$$

であると仮定する．原点に中間子の源になる点状の核子があるとすると，その周囲の中間子の場は（9）の特解

$$U=-g^2\frac{e^{-\kappa r}}{r} \tag{10}$$

で表される．g は核力の強さを意味し，$1/\varkappa$ は力のはたらく距離である．（9）はクライン-ゴルドン（Klein-Gordon）方程式とよばれる．

核力を仲介する中間子は π 中間子とよばれるようになった．π 中間子が質量 m_π

の粒子であるとすると，特殊相対性理論により，これが速度 v で x 方向に走っているときの運動量 p は

$$p=\frac{m_\pi v}{\sqrt{1-v^2/c^2}} \tag{11}$$

で与えられ，そのエネルギー E は

$$E=\frac{m_\pi c^2}{\sqrt{1-v^2/c^2}} \tag{12}$$

で与えられる．この 2 式から v を消去すれば

$$E^2=c^2p^2+m_\pi{}^2c^4 \tag{13}$$

を得る．

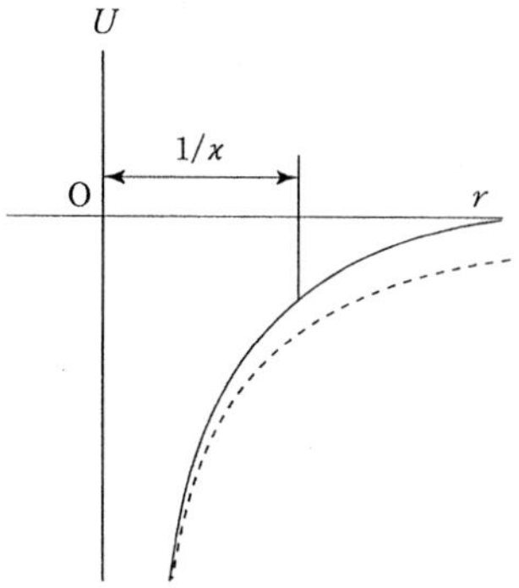

図 29　湯川ポテンシャル（実線）（破線は $1/r$ の曲線）

他方で量子論においては p, E はそれぞれ演算子

$$p_x=\frac{\hbar}{i}\frac{\partial}{\partial x} \text{ など，} \qquad E=i\hbar\frac{\partial}{\partial t} \tag{14}$$

であるから，$p^2=p_x{}^2+p_y{}^2+p_z{}^2$ として (13) から

$$\left[-\hbar^2\frac{\partial^2}{\partial t^2}-\left(-c^2\hbar^2\nabla^2+m_\pi{}^2c^4\right)\right]U=0 \tag{15}$$

を得る．これは自由粒子の波動方程式（第 14 講 (6) 式）である．書き直すと

$$\left(\nabla^2-\frac{1}{c^2}\frac{\partial^2}{\partial t^2}-\frac{m_\pi{}^2c^2}{\hbar^2}\right)U=0 \tag{16}$$

を得る．これを (9) と比べれば $\varkappa=m_\pi c/\hbar$，あるいは

$$m_\pi=\frac{\varkappa\hbar}{c} \tag{17}$$

という関係式が得られる．

ところが，原子核の大きさは 10^{-13} cm 程度であることなどから，力の有効距離 $1/\varkappa$ は

$$\frac{1}{\varkappa}=2\times10^{-13}(\text{cm}) \tag{18}$$

程度であることが知られている．これを用いると (17) から π 中間子の質量を m_π，電子の質量を m_e とするとき

$$m_\pi = \frac{\varkappa \hbar}{c} \simeq 200 m_e \tag{19}$$

となる．ここで $m_e = 0.51$ MeV を用いた．$m_\pi = 140$ MeV と知られているから，上の値 (19) はだいたい正しい．

中間子の崩壊

π 中間子はほぼ 100 %がミューオン (μ) とニュートリノ (ν) に崩壊する．すなわち

$$\pi^\pm \longrightarrow \mu^\pm + \nu \tag{20}$$

となる (平均寿命は 2.6×10^{-8} 秒)．π^+ は正の電荷 ($+e$)，π^- は負の電荷 ($-e$) の π 中間子である．

素粒子の崩壊現象の理論も電子などによる光の放射の理論からの類推と拡張によって考察される．電子がある準位から下の準位に移って光を放出する (自然放出) のは非相対論的には電子の運動量 $\boldsymbol{p}$ と電磁場 $\boldsymbol{A}$ との相互作用のハミルトニアン $\boldsymbol{p}\cdot\boldsymbol{A}$ (相対論的には $\boldsymbol{\alpha}\cdot\boldsymbol{A}$) によっておこり，この過程では光子が 1 個つくられる．これに対し β 崩壊は核子である中性子が陽子という (アイソスピンのちがう) 状態へ移ってその際に電子とニュートリノがつくられる過程である．光子の自然放出は電子と電磁場の相互作用によっておこるので，放出のおこる確率は相互作用の強さ e^2 に比例し，寿命はこれに反比例する形で表される．これに対し β 崩壊は核子場と電子やニュートリノの場の相互作用によっておこり，その確率はこの相互作用の強さに比例する．このように素粒子の崩壊はその粒子と崩壊して行く先の素粒子の場との相互作用によって生じるわけで，中間子の崩壊についても同様である．

現在では非常に多くの種類の素粒子が知られている．われわれの空間は非常に多種の素粒子の場となっているのである．もともとわれわれは少数の基本粒子によって自然現象が説明できるという希望で進んできたが，実際にはつぎつぎと新しい素粒子が発見されてきた．しかもそのほとんど全部が人工的に加速器などでつくられてきたのである．自然の本源的なものを素粒子というならば，新しい素粒子が発見されるたびに素粒子は素粒子らしくなっていくことになる．われわれ

はいったい何をしているのだろうか．

素粒子論の未来については楽観論もあるが多くの悲観論もある．一般的にはわれわれはパンドラの箱を開けてしまって，残された希望をたよりに研究しているのかもしれない．あるいは，いつの日にかわれわれは自然に対する全く新しい理解への道へ出ることができるのかもしれない．素粒子論ばかりでなく，経済においても，環境においても，その他のもろもろの困難において，21 世紀になって人間の知恵が深くためされているような気がする．

Tea Time

自然と人間

第 16 講の Tea Time でちょっと触れたが，ディラック (P. A. M. Dirac) は「自然法則は近似である．しかし近似の適用と限界は大変微妙である．(The uses and limitations of approximation are quite subtle.)」とよく話していたという．

自然というものは複雑で，われわれは近似法則で満足しなければならないという風にもとれる．それと同時に人間の考える能力には限界があるにちがいないとも思う．利口でも犬には犬の，イルカにはイルカの能力の限界があるように，人間にも科学的に自然を理解する能力に限界があるにちがいない．何万年あるいは何十万年前か知らないが，進化の結果として，人間の頭脳がつくられ，それが相対性理論や量子力学を理解する能力を備えていたということも不思議である．それほど人間の頭脳が発達したのは確かだが，それがオールマイティであるはずはなく，人間の頭脳の能力にも限界があるはずである．人間の頭脳はほかの動物にないような科学的思考，合理的思考をすることができる．しかしもっとすぐれた地球外の知的生物がいるかもしれない．人間の知能でも発達の余地があるはずである（そうでなければ人間が戦争などを繰り返すはずがない）．

自然を人間が理解する上で，人間的尺度ということもあるらしい．ニュートン力学は日常的尺度に似合うパラダイムである．宇宙スケールのことには一般相対性理論が似合い，原子的スケールには量子力学が似合う．感覚器官として目や耳などがあり，昆虫が複眼を備えているように，知的な能力においても多面的な理解の方法があり，いくつかの階層に分かれているのだと思う．それらの階層の間には越えがたいギャップがあるとしても不思議ではない．たとえば分子１個を理解する方法と分子の集まりである気体の性質を理解する方法とは異なるし，これらの間には概念的なギャップが存在する．

自然の複雑さと人間が人間の合理性の範囲内でつくった物理学的理解の間には，比べられないほどの大きなちがいがあると思っている．人知は涯なく，無限大の可能性があるのかもしれないが，自然には無限大の無限大乗ほどの複雑さがあると思われる．自然がどこまでも理解可能であるという証拠はないし，もしかするとコンピュータがそうであるように，自然は人間と全くちがう論理で動いているのかもしれない．あるいは論理などまったくないのかもしれない．結局のところ，物理学の世界で人間が理解できることは人間がつくり上げたモデルの動きにとどまるのではないだろうか．しかしそうだとしても，それは依然として興味深い世界である．アインシュタインやディラックの理論は見方によっては人工的な美しさに徹した仕事とみることができる．

索　　引

タ　行

ナ　行

ハ　行

マ　行

ヤ　行

ラ　行

ワ　行

著　者

戸田盛和（とだ もりかず）

1917年　東京に生まれる
1940年　東京大学理学部物理学科卒業
現　在　東京教育大学名誉教授
　　　　ノルウェー王立科学アカデミー会員
　　　　理学博士

物理学30講シリーズ10
宇宙と素粒子30講　　定価はカバーに表示

2002年6月25日　初版第1刷
2016年11月25日　　第11刷

著　者　戸　田　盛　和
発行者　朝　倉　誠　造
発行所　株式会社　朝　倉　書　店
東京都新宿区新小川町6-29
郵便番号　162-8707
電　話　03(3260)0141
FAX　03(3260)0180
http://www.asakura.co.jp

〈検印省略〉

新日本印刷・渡辺製本

ISBN 978-4-254-13640-1 C 3342　　Printed in Japan